朝着 阳光 便不会看见 阴影

李宇晨 编著

Face to the
sunshine and you cannot see
the shadow

从今后，做个内心向阳的人，
不再忧伤，不再心急。
坚强、向上，靠近阳光。

煤炭工业出版社
·北京·

图书在版编目（CIP）数据

朝着阳光，便不会看见阴影 / 李宇晨编著．--北京：
煤炭工业出版社，2018（2021.5 重印）

ISBN 978 - 7 - 5020- 6463- 1

Ⅰ.①朝…　Ⅱ.①李…　Ⅲ.①人生哲学—通俗读物

Ⅳ.①B821 - 49

中国版本图书馆CIP 数据核字（2018）第 015229 号

朝着阳光　便不会看见阴影

编　　著	李宇晨
责任编辑	马明仁
编　　辑	郭浩亮
封面设计	浩　天

出版发行　煤炭工业出版社（北京市朝阳区芍药居35号　100029）
电　　话　010-84657898（总编室）
　　　　　010-64018321（发行部）　010-84657880（读者服务部）
电子信箱　cciph612@126.com
网　　址　www.cciph.com.cn
印　　刷　三河市京兰印务有限公司
经　　销　全国新华书店

开　　本　880mm×1230mm¹/₃₂　印张　8　字数　150 千字
版　　次　2018年1月第1版　2021年5月第3次印刷
社内编号　9343　　　　　　定价　38.80 元

前　言

　　人生，就是一场艰难的跋涉。我们从出生的那天起，就开始了一生的征程。

　　人生的旅途也总是坎坎坷坷。我们接受着生活的考验，也体会着人生的酸甜苦辣。

　　每个人都渴望成功，每个人都希望自己能有一个辉煌的人生，但事实并非如我们所愿，行程中并非总是一帆风顺，生活中也总是会遇到风风雨雨。

　　面对困难，有的人选择了逃避，有的人选择了放弃，有的人甚至自暴自弃。

　　世界上最可怜的人，就是自暴自弃者。孟子说："自暴者，不可与有言也，自弃者，不可与有为也。"就是说人不可自暴自弃，一旦自暴自弃，就没法做人做事。

　　所以，我们要相信自己、爱惜自己，我们不能放纵自己，更不能抛弃自己。

　　困难总会遇到，挫折也必不可少。但是并不能因为一两次失败就全盘否定自己。否定自己就等于认输，而认输就是懦弱的一种表现。凡是能干出一番事业的人，没有一个不是从生活的风风雨雨中勇敢地走过来的。他们可能也有情绪低落的时候，也有意志消沉的时候，但是，只要他们一恢复过来，就会重新上路，向着自己的目标迈进。挫折，不能阻挡他们，反而会激发出他们的斗志。他们如同浴火重生的凤凰，从灰烬中一次次地爬起。

　　所以，面对困难，我们更需要的是一种自信、一种勇气，而这就需要我们要相信自己、肯定自己。我们要学会喜欢自己，爱自己，只有这样，才不会妄自菲薄，才不会自暴自弃。当然，这并不是要我们孤芳自赏、妄自尊大，而是让我们正确地看待自己，让我们学会欣赏自己。

　　一个人只有正确认识到自己，才会得到内心的真正成熟。一个内心真正成熟的人，也肯定会用自己的智慧去解决自己所遇到的种种难题。所以，让我们和自己的内心一起成长，让我们用一种乐观的心态来面对生活中的风风雨雨吧！

目 录

|第一章|

自我本色

|第二章|

懂得爱自己

|第三章|

调整自己

|第四章|

不是生活不美，是你心态不好

|第五章|

敢于面对挫折

自我本色

保持自我本色

　　世界并不完美，人生当有不足。留些遗憾，倒可以使人清醒，催人奋进，是件好事。如果一切太完美，反而让我们失去了发展的空间。世界上没有完美无缺的事物，不要为自己身上的某些缺陷而闷闷不乐。毕竟在这个世界上，你始终都是独一无二的。

　　我们每个人都希望可以得到别人的认可，所以我们总会在乎自己在别人心目中的形象。为了让别人接受自己、喜欢自己，我们开始按照他人的喜好来要求自己。于是，我们学着伪装自己，学着如何不被别人发现自己的缺点。我们精心打造着自己的形象，我们努力让自己去迎合别人的口味。于是，在一次次的包装中，我们渐渐迷失了自己。我们创造公众的，又常常是私人的正面形象，而隐藏背后的形象，让人们远离真实的线索。我们似乎已经学会了只发送虚伪的信息，把自己修饰得完美，而忽略了自己本来的样子。慢慢地，我们在虚伪中渐渐迷失了自己。我们变得彷徨，变得迷惑。其实在这个世界上，我们每个人都是独一无二的，所以我们应该充分认识到自己的价值。

有一只小松鼠，总觉得自己很渺小，既没有威武的身材，又没有无穷的力气，连智慧也是平平。每天只是蹦来跳去的，一有风吹草动就赶紧逃之夭夭。看看别人，都比自己好。

一天，它又在树上玩耍。这时，太阳出来了，光芒万丈，大地一片光明。小松鼠惊叹地说："太阳公公，你太伟大了，你给大地带来了光明，你是世界上最伟大的人了。"

太阳说："待会儿乌云出来，你就看不见我了。"

一会儿，天上乌云密布，大地黑压压的一片，就连太阳也被遮住了。

小松鼠又对乌云说："乌云姐姐，你真是太伟大了，连太阳都能遮住。"

乌云却哭丧着脸说："风姑娘一来，你就明白谁最伟大了。"

果然，不一会儿，狂风大作，乌云顷刻间就被吹得无影无踪，又是晴空万里。

小松鼠禁不住叹道："风姑娘，你才是世界上最伟大的呀！"

风姑娘却悲伤地说："可是你看我连前面那堵墙都吹不过去！"

小松鼠又跳到墙上，十分敬仰地说："墙大哥，原来你才是世界上最伟大的呀！"

墙皱皱眉说："你自己才是最伟大的呢！你看，你天天在我身上跳来跳去，我却拿你一点儿办法都没有。"

所以，我们没有必要去羡慕别人，我们所要做的，就是做好自己。只有认识到自己的价值，对自己充满自信，才能将我们生存的意义充分体现出来。

当然，正如俗话所说的："金无足赤，人无完人。"在这个世界上，没有人是完美无缺的，每个人都有其自身的缺点，而伴随这些缺点而来的，就是自卑感。一个人的自卑感过重，就会产生消极的情绪，也会压抑自身能力的发挥。而一个人若长期生活在自卑中，也会对身心健康产生很大的危害。

世界上没有两片完全相同的叶子，也没有完全相同的两个人。任何人在这个世界上都是独一无二的。所以我们不应该轻视自己。

爱丽丝从小就比较胖，小时候她那胖胖的身材经常引来其他小朋友的嘲笑。而她的母亲，一个古板的女人也从来都不给自己的女儿进行打扮，每次都让她穿上很宽大的衣服，这样爱丽丝的身材看起来就更加显得臃肿。为此，她非常自卑，从来不和小朋友们一起玩耍，只是喜欢把自己关在屋子里。

就这样，她在自卑的阴影里慢慢地长大了，她渐渐离开了学校，那个曾经让她受嘲笑的地方——其实自从她长大以后，就没有人再嘲笑她了——过上了另一种生活。再后来，她嫁了人，丈夫比她大几岁，对她一直很好，而且他们全家人也对她很好。但是爱丽丝却始终不能抹去她心中的阴影，自卑已经像一棵树在她的心里扎了根、发了芽、结了果。

她想融入到正常的生活中去，可她发现自己做不到，她的心里总会感到莫明其妙的恐惧，这种恐惧让她不敢见任何人。她也曾经试图走出去，可是每当她跟人见面时总会浑身紧张，手心里都是汗，说话也会磕磕巴巴，这让她更加不相信自己。家人试图帮她，但一切都无济于事，她还是老样子。但是，终于有一天，她的生活发生了改变。

有一天，她和婆婆坐在一起，婆婆无意间说起自己当初如何教育儿子，其中说了一句："不管怎样，我只要求他们做本色的自己。"就是这无意中的一句话，驱散了爱丽丝心中的阴霾，让她重新见到了生活中的阳光。

"对，做本色的自己！"她不再逃避、不再自卑，她开始正视自己。她发现自己对羽毛球很感兴趣，于是就参加了当地一个羽毛球俱乐部，结识了一帮志同道合的朋友，她感到不再孤单。后来，她慢慢地又学会打扮自己，精心地为自己挑选一些很美、很别致的小饰品，也开始注意衣服的各种颜色搭配。她开始和一些陌生人接触、聊天，而他们也给她带来了很多欢乐。她的球技越来越好，不仅得到了许多人的赞赏，而且发现自己的身材也比以前苗条了许多。衣着上的改变让她变得更加迷人，尽管她的身材还是略微有点胖，但看上去却显得很雍容华贵。

法国大思想家卢梭说得好："大自然塑造了我，然后把模子打碎了。"的确如此，在这个世界上，我们每个人都是独一无二的，正是因为这个原因，这个世界才会如此的多姿多彩。可惜的是，许多人不肯接受这个已经失去了模子的自我，于是就用自以为完美的标准，即公共模子，把自己重新塑造一遍，结果失去了自我。

　　做人最宝贵的就是拥有自己的个性。从前有两兄弟，他们都喜欢书法。老大总是模仿古人，而老二却要求每一笔都不同于古人。一天，老大嘲讽老二说："看你的字，有哪一笔是大家风范？"老二也不生气，而是笑眯眯地反问了一句："也请你看看你的字，究竟哪一笔是自己的呢？"

　　是的，别人的再精彩，那也只是别人的，不是我们自己的。如果我们失去了自我,失去了个性与自我意识,还谈什么改进和提高呢？

不要盲目和别人比

金无足赤，人无完人。每个人都有自己的优点和缺点，我们没有必要为此而感到不快。当然，认识到自己的缺点是好的，它可以让我们不断地去完善自己。但如果只把目光集中在自己的缺点上，就不是好事了，它会导致我们产生自卑感，让我们的生活失去阳光。

我们之所以不快，就是因为我们经常拿别人的长处来要求自己。其实，我们每个人都有自己独特的价值，所以不要盲目和别人比。

国王的御厨房里有两只罐子，一只是陶的，另一只是铁的。铁罐非常瞧不起陶罐，常常奚落它。

"你敢碰我吗，小东西？"铁罐傲慢地问。

"不敢，铁罐兄弟。"谦虚的陶罐回答说。

"我就知道你不敢，懦弱的东西！"铁罐带着轻蔑的口气说。

"我确实不敢碰你，但这并不是懦弱。你有你的作用，我也有我的价值。"陶罐辩解道，"我的身体是没有你坚硬，但在完成我们的本职任务方面，我并不见得比你差……"

"住嘴！"铁罐大怒道，"你居然还敢跟我顶嘴，瞧着吧，用不了几天，我就会把你撞个粉碎。"

"何必这样说呢？我们和睦相处不是很好吗，为什么要吵嚷呢？"

"和你在一起真是降低了身份，无用的东西！"

陶罐闭嘴，不再理会铁罐。

时光飞逝，世界发生了许多变化。王朝覆灭了，宫殿成了废墟，两只罐子也被埋进了地下。许多年后的一天，一支考古队伍来到了这里。他们开始在废墟上挖掘，后来，发现了那只陶罐。

"瞧，这里有一只陶罐！"一个人惊讶地说。

"的确是一只陶罐！"其他人也高兴地叫了起来。他们把这只罐子捧起来，将它洗静，小心地观看着。这只陶罐朴素、美观、光亮可鉴。

　　"年代很久远，很有价值的！"其中一个人说。

　　"谢谢你们！"陶罐兴奋地说，"我的兄弟铁罐就在我的身边，请你们把它也挖出来吧！"

　　这些人听后，赶紧动手，在它的周围挖了起来。但他们翻来覆去都找遍了，也不见铁罐的足迹，原来，年代久远，铁罐已经完全氧化，早就无影无踪了！

　　我们每个人身上都有自己独特的才能和价值，我们每个人也都有自己特定的位置，所以，没有必要去羡慕别人，更不应该只看到自己的缺点而妄自菲薄。做人，最重要的就是要有自己的个性，连个性都没有的人就失去了存在的意义。我们应该学学陶罐，它很清楚自己的实力。

　　大自然赋予我们每个人一种独特的能力，我们应充分利用这一切，而不是盲目地和别人比。我们既没有必要拿自己的短处去比别人的长处，也没有必要拿自己的长处去比别人的短处。只要我们做好自己，不迷失自己，这就够了。

学会认识自己

"人，认识你自己！"这是刻在古希腊神庙里的一句神谕。老子也说过："自知者明！"一个人只有认清自己，才可能学会理智地生活。、

但是，认识一个人却非常困难，我们有眼睛，可以清楚地看到这个美丽的世界，但是却没有办法看清自己。人性是复杂的，有时我们对自己的一些行为也会感到吃惊。"不识庐山真面目，只缘身在此山中。"可能正是由于我们离自己太近所以就越发地不了解自己。

为了认识自己，我们的祖先发明了镜子。首先是青铜镜，然后是玻璃镜，再到现在的照相机，可以把我们的形象永久地保存。但是无论如何，这些镜子顶多让我们看清自己的形体。我们的内心世界，是无论用什么样的先进仪器都观察不到的，

所以，认识自己，就成为一个永恒的话题。

认清自己，我们就可以根据自身的特点来发展自己。否则，就会走不少的弯路。美国女影星霍利·亨特一度竭力避免被定位为矮小精悍的女人，结果走了一段弯路，后来她根据自己的特点，对自己进行了正确地定位，结果大获成功，凭影片《钢琴课》一举夺得戛纳电影节的"金棕榈奖"和好莱坞的"奥斯卡大奖"。王安石的文章天下尽知，可是他偏偏做了宰相，领导了一场并不成功的改革，结果以失败告终。他在文学上造诣虽深，但在政治上却缺少作为，如果他当时能根据自身的特点而专门从事文学创作，那么中国文坛上定会多一颗璀璨的明星，后世对他的评价也就更高。南唐后主李煜也是这样的例子，他在文学上的造诣已达登峰造极之境界，但他却不是一个好的皇帝，最后弄得国破家亡，自己也沦为别人的阶下囚，英年早逝。如果他一生不为帝王，那么将会有更多脍炙人口的诗篇留传于后世。

类似的例子还有很多，所有的这一切，就是因为我们不能够正确地认识自己，所以就不能正确地定位。

第二次世界大战期间，美国精神病专家曾经做过一项调查，他说："我们在军队中发现了挑选和安排工作的重要性，就是说要使一个人去从事一项适当的工作……最重要的，是要使他相信他的工作的重要性，当一个人没有兴趣时，他会觉得被安排在一个错误的职位上，觉得自己没有得到欣赏和重视，觉得自己的才能被埋没了。在这种情况下，他患精神病的可能性就会加大。"

所以我们只有认识自己，才能正确地给自己定位，才能发挥自己的特长。上天给我们每个人都赋予了天赋，这是我们身上最大的宝藏，我们若能将其开发，就会取得非凡的成绩，而一个人只有从事与他本身所具有的这种天赋相契合的工作，才能取得令人羡慕的成就。

那么，我们如何才能做到认识自我呢？

首先，要学会聆听。聆听是引导我们走向善良、安全、愉悦的作息。我们所说的聆听并非简单地指用耳朵收集来自于他人的信息，我们要的是来自我们心灵深处的声音。我们内心的感受往往是真实的，它一般不会受到外界因素的干扰，所以有很大的真实性。

聆听，就是聆听我们内心最真实的感受，聆听我们的快乐和忧愁，我们的伤心和寂寞。聆听还包括聆听我们周围的人传达过来的信息，让我们知道自己在别人心目中的形象，让我们更加清楚地看清自己。

每个人都会有一些消极的情绪，像烦乱、疲惫、无聊，而这些情绪会使我们的精力消耗，而聆听则可以让我们弄清产生这些消极情绪的原因及它们所传达的含义，从而帮助我们正确解决这些问题。心理暗示也可作为聆听内心感觉的一个好办法，它是一个人用语言或其他方式对自己的知觉、思维、想象等方面的心理状态产生某种刺激的过程。它是人的心理活动中意识思想的发生部分及与潜意识的行动部分之间的沟通媒介。它会向我们发出指令，指导我们的行动，支配我们的行为。

其次，要学会自省。自省就是对自我动机与行为的审视与反思，是自我净化内心的一种手段。自省是我们了解自己的最好方式。

学会自省，就是要学会坦诚地面对自己，要客观中肯地评价自己。自省要求我们以最大的勇气来面对自身的缺点，然后再加以改正；自省就是要求我们要时刻检讨自己的错误，认识到自身的缺点。

我们只有学会自省，才能学会超越。要超越现实中的自我，必须坦白地面对自己，对自己的优势和劣势做出正确的判断。

自省也可以让我们净化心灵，它可以让我们及时清除掉内心的杂草，让我们的身心向着更加健康的方向发展。

接受真实的自己

无论你是谁，无论你身上有什么样的缺点和缺陷，你都要学会去勇敢地面对，因为首先你只有让自己接受自己，才能让别人接受你。如果你是一个让自己都讨厌的人，那又怎么会赢得别人的喜欢呢？一个人的行动总会反映一个人的思想，如果他从思想上就拒绝自己，那么反映在行动上就会自暴自弃，一个自暴自弃的人，可能会赢得别人的同情，但不会赢得别人的喜欢。无论如何，你都要学会接受自己、喜欢自己，它带给你的不仅仅是自信，还有面对生活的勇气，以及做人的乐趣。

李开复在《做最好的自己》一书中讲了这样一个故事：一个女子叫黄美廉，由于小时患上了脑性麻痹症，因此身体上造成了某些缺陷，手足经常乱动，眯着眼睛，张着嘴，语言含糊不清，样子十分怪异。但是，她没有被自身的缺陷打垮，而是凭着常人难有的意志，坚持学习，并考上了美国著名的加州大学，最后获得了博士学位。黄美廉的事迹，激励并感动了许多美国人。一次，她受邀到某地演讲。当时，一个不谙世故的中学生竟然问道："黄博士，你从小就长成这个样子，请问你怎么看你自己？"当时的会场立刻出现了骚动。人们责怪这位中学生的不敬，但没想到黄美廉却坦然地在黑板上写道："一、我好可爱；二、我的腿很长很美；……"正是因为她"只看我所拥有的，而不看我所没有的"，因此，才能接受自己，并取得令人羡慕的成绩。

每个人都有不足，对于这些我们自然应当尽自己的最大努力去弥补。这时，缺点和缺陷就成为我们完善自我的一种动力。如果你只把目光集中在自己"所没有的"而不去改善、争取的话，它就会成为我们前进途中的一种障碍。或许，就算经过我们的努力，也没有办法改变某些事实，此时，就要学会坦然面对，就像黄美廉博士那样，没有办法改变先天的残疾，但可以改变自己的心态。如果你让自己陷入自卑之中，那么就没有办法挽救自己了。

一个人，只有从内心接受自己，那么他的行动才会积极，态度才会乐观。有时候，我们可能会感到失落，那是一种正常的情绪，但是千万不要将其发展为自卑，好多人之所以会自暴自弃就是因为他们心里有很深的自卑感。当然，世界上没有完美的事物，我们每个人身上多多少少地总会有些缺点，而这也就成了导致我们自卑的原因。自卑是一种内心的感觉，原因往往是我们对自己的轻视。我们的周围到处都是这样的人，其实只要你不小看自己，是没有人会小看你的。因此，不要让自己再生活在自卑中，要知道人无完人，每个人身上都有缺点，但正是这些缺点督促我们能不断地改进自己，生命也才变得有意义。

无论你是谁，请你做本色的自己！

敢于正视自己的错误

俗话说，"人非圣贤，孰能无过"。在这个世界上，没有人会不犯错误。犯错误并不可怕，可怕的是知错不改。错误就像人身上的一个毒瘤，如果你忽视它的存在，那么它就会慢慢扩大，最后将你吞噬。所以我们必须时时警醒自己，及时清除这些毒瘤，才能让自身得到健康地发展。

一个人，只有认识自己的错误并改正它，才能不断地进步，才能不断地完善自己。

在我国历史上，唐朝是一个非常强盛的朝代。而唐太宗李世民无疑对唐朝的强盛起了很大的作用。

太宗皇帝以善于纳谏而著称。有一次，他出行至洛阳，因地方供应的东西不好而发火。魏徵当即劝道："隋炀帝为追求享乐，荒淫无度、到处巡游，结果弄得民不聊生、苦不堪言，以致灭亡。如今圣上初得天下，正应当接受教训、躬行节约、厉行节俭，怎能因地方供应不好而发脾气呢？如果上行下效，奢靡成风，那将成什么样子？恐怕会重蹈隋亡的覆辙了！"太宗听后，认识到自己的错误，非常惭愧。

　　贞观二年，唐太宗得知隋朝旧官郑某有个小女儿生得国色天香，而且很有才学，便想将其纳入后宫为妃，册封的诏书都已写好。魏徵听说此女早已许配人家，于是进谏说："陛下为天下万民的父母，应爱抚百姓，忧其所忧，乐其所乐。自古有道之君心里总是想着百姓。住在皇宫里，想着百姓是否有房子住；吃山珍海味，想着百姓是否受冻挨饿；嫔妃拥前，想着百姓是否有家室的欢乐。郑氏之女已许嫁别人，陛下却想娶至后宫，这哪里是为民父母所做的呢！"说得唐太宗无地自容，便取消了此事，并自责说："郑氏之女已受人礼聘，朕下诏册封的时候没有详审，此乃朕之过也！"

　　太宗皇帝临死前曾对太子李治说："我即位以来毛病很多，喜欢锦衣玉食、宫台楼榭、犬马鹰隼，结果烦扰了百姓，这些都是我的过错，你千万不要学我。"

正是因为唐太宗知错必改，才有了盛世唐朝。

《论语》中有这样的话："君子之过也，如日月之食焉。过也，人皆见之；更也，人皆仰之。"我们对待错误的态度应是有则改之，无则加勉。只有认识到错误并及时改正，才能避免更大的错误。

1995年，互联网浪潮方兴未艾。面对互联网的诱惑与挑战，微软公司的一位董事曾就公司的策略问题征询比尔·盖茨的意见："我们为什么不多做些与互联网相关的工作呢？"而比尔却说："这是一个多么愚蠢的建议呀！互联网上的所有东西都是免费的，没有人能赚到钱。"

比尔·盖茨宣布这个决定后，许多人都提出了反对的意见。当他发现自己的意见并没有得到大多数人的赞同后，便花了大量的时间来研究实际形势并发现了自己的错误，及时进行了调整。他将许多优秀的员工调到了互联网部门，也因此取消和削减了许多与互联网无关的产品。由于公司的方向得到了及时地调整，所以他们取得了成功，微软很快又成为互联网领域的领跑者。

秦穆公是春秋五霸之一，他之所以能成就自己的伟业，与他知错就改的性格特点是分不开的。

公元前628年，帮助郑国戍首国都的秦国大将杞子秘报秦公说："我现在已经取得了郑国的信任，他们令我掌管城门的钥匙。如果现在派人偷袭，我打开城门做内应，一定能够获得成功。"

秦穆公听后大喜，准备出兵。蹇叔得知此事后，极力反对。他对穆公说："谁听说过长途跋涉的疲劳之师能取胜呢？我军疲惫，郑军以逸待劳，胜负的结果不是很清楚吗？而且那么多的人，行那么远的路，郑国人又岂能不知，怎么可能偷袭成功呢？"秦穆公不听，坚持出兵。

秦军经过滑国时，郑国的商人弦高正好经过这里，得知秦军的意图，便一边遣人回去报信，一边与秦军周旋。他来到秦军营中，献上4张熟牛皮和12头牛，并对秦军将领说："我们国君得知您的大军将要经过郑国，便派我送来这些东西犒劳你们。你国贫穷，暂用这点东西作为你们第一天宿营的供应，后面的大批物资将源源送到。"秦军主将大吃一惊，以为郑国已经发现了自己的行动，自己偷袭不可能成功，于是，取消了攻打郑国的计划，灭了滑国，便撤军了。

晋国一直想找机会来消灭秦国，听说秦军的队伍经过，便在其必经之路上设下了埋伏，最后俘获了秦军的三位主帅。晋襄公的母亲文嬴是秦国人，她劝说襄公放了俘获的秦军将士。晋襄公刚把他们放了，就有有谋略的大臣前来劝说，他醒悟后立即派人追赶，却没有追上。

秦穆公听说三位将军回来了，便身穿素服到郊外去迎接，哭着对放回来的将士说："都是我没有听从蹇叔的劝告，使你们受到了侮辱，这都是我的过错啊！"

经过这次失败，秦穆公认识到自己的错误并吸取了经验，他励精图治，秦国很快强大起来，成为当时的霸主。

我们不愿承认自己的错误，是因为太顾及脸面。其实这完全没有必要。一个人所犯的错误，首先会被别人看到，而且在别人眼中，问题会显得更加客观和透彻。在这种情况下，我们越是极力地掩饰自己，越会带来负面效果，影响到自身的声誉。错误是可以避免的，而不是用来遮掩的，遮掩错误只会让小错变成大错，最后落得无法收拾。

　　周厉王横征暴敛，统治残暴。他不许人民上山砍柴，不许人民下海捕鱼，结果引起了人民的不满，招致了很多非议。厉王对此非常不满，便派人监视人民的行动，别人稍有怨言，他便会拿来问罪。结果弄得民不聊生。人们在路上遇到了也不敢说话，只是以目光示意。召公提醒厉王说："防民之口，甚于防川，若塞其口，其与能几何！"但厉王却置之不理。不出召公所料，不久便爆发了我国历史上第一次大规模的暴动，周厉王最后只能远走他乡。

　　能否正确对待自己的错误是一个人能否有所成就的重要条件。只有勇于承认自己的错误，才能勇于担当，才能有所作为。我们要学会闻过则喜，而不是讳疾忌医。

学会自省

孔子曾经说过："见贤思齐焉，见不贤而内省也。"这句话的意思是说：看到别人的优点，就要设法使自己也具有同样的优点；看到别人的缺点，就要反思自己，看自己是否也有类似的缺点。曾子也说过："吾日三省吾身。"这说明我们的先人早已认识到自省的重要性了。

自省就是要求我们要善于找出自己的错误，就是要求我们要不断地检讨自己。只有认识到自己的不足，才能不断进步；讳疾忌医，只能失去个人声誉。

第二次世界大战后，德国进行了彻底地反省。德国前总理施罗德在布痕瓦尔德集中营解放60周年的纪念活动上说："德国应以小心谨慎和自我批评的态度对待历史，这样不会失去朋友，反而会赢得朋友。德国应该铭记这段历史，永不遗忘，绝不允许历史重演。"正是这种诚恳使德国赢得了大多数国家的谅解和宽容。

美国的伟人富兰克林也非常注意自我反省。他有一个习惯，每天晚上都会把当天的事情回想一遍。渐渐地，他发现自己有13个很严重的错误，而其中的三个错误是最为严重的，那就是：浪费时间，为小事烦恼，喜欢和别人发生冲突。富兰克林认为自己必须改掉这些坏毛病，否则不会有什么大的成就。于是，他每个礼拜都会选出一个缺点来加以改正，这样坚持了两年多的时间，终于把这些坏习惯改掉了，最后成为美国历史上最受人尊敬、也最有影响力的人物之一。

小到一个人，大到一个民族、一个国家，都应该培养一种自省的习惯。它可以让我们更清楚地认识到自己，更好地改进自己，避免我们犯更大的错误。自省的最终目的是自我提升，是追求进步。

人生，就是一个不断完善自我的过程。造物主在创造我们的时候，给每个人都留了一点儿缺陷，于是我们自我发挥的空间也就变得很大。自省会让人生在一次次的挑战、一次次的改进中变得更加充实、更加有意义。

突出你的魅力

魅力这个词来源于古希腊语，意思是"优雅和宠爱的礼物"。正如它所昭示的，优雅和宠爱是别人给予的，是别人对你的所作所为的反应。也就是说，你自己本来没有魅力，魅力是别人奖赏给你的。从本质上看，魅力可以被看成是人与人之间通过某种方式进行一系列复杂交谈的结果。因此也可以说，魅力是可以看得到的。

有人认为，你要么天生具有魅力，要么就永远不具有魅力。魅力是上帝赐予的神秘天赋，或者是源于一种至今尚未发现的魅力基因。但实际上，魅力是可以培养的。我们通过运用特别的策略，学习特别的言谈举止，运用特别的语言而使自己更有魅力。在不断地练习中，在一次次刻意地改进中，这些策略和言谈举止成为自然，成为我们身体的一部分，成为我们每个人所特有的魅力。

魅力通过多种多样的形式展现出来。有的人能言善辩、巧舌如簧，有的人举止优雅、风度翩翩，有的人善于处世、八面玲珑，有的人处事沉稳、办事老练。

魅力不等于影响力，但与影响力有一定的联系。大量证据表明，魅力及影响力是特殊的思维和行为的两个方面。换言之，与众不同的思维模式和言谈举止是方法，而魅力和影响力是结果。这个结果取决于人们的判断，取决于与具有魅力和影响力的人的交往。有研究认为，言谈举止具有魅力的商界要人，对单位、同行或下属具有重大的积极影响。而其他的研究也显示那些被下属授予具有魅力殊荣的首席执行官，对下属的影响力更大，工作效率也更高。

那么我们如何才能提升自己的魅力呢？

第一步，我们要从自己的外表着手。我们生活在一个外表意识很强的社会。研究显示，在一定程度上，人们把那些表面看到的现象作为内在本质的外在表现来看待。有资料显示，长相好的人与那些长相稍逊色的人相比，有许多交往的优势。人们对长相好的人倾向于展示积极的反应，会传递出喜欢的感觉。另外，长相好的人更容易改变人们的态度，更容易从他人那里获得他们所想要的一切。相貌丑陋的人却恰恰相反，他们往往让人感到讨厌、难以接受。

当然我们不主张过于注重一个人的外表而忽略他的内在品质，但我们也绝不能忽略自己给别人留下的印象。我们没有能力改变自己的外貌（当然在科技发达的现在，整容已成为可能），但至少我们可以改变自己的外在装饰，如服装、头饰等。在大多数场合，一个人的衣着会给人留下很深的印象。美国研究人员进行的测试发现，与穿着随意的人相比，人们更能信任穿制服的人。

我们可以用自己的努力来掩盖自身的劣势，我们可以通过发展其他方面的品质来对此进行弥补。就像盲人虽然视力上不如别人，但他的听觉、嗅觉和触觉都比别人要好一样。

提高自己魅力的第二步，是用最美的语言来展示自己。新颖的表达是演讲具有魅力的关键。但是具有魅力的人对于争论的危险性非常敏感。他们通常不会直接与人发生冲突，他们绝对不会允许自己使用蛮横的话语、强硬的态度，而是采用更温和的方式、更柔和的语言来进行说服。

在公众场合和私人生活中，你所遇到的真理方面的叫卖者以及话语的好斗者似乎都觉得他们有改变人们的思维的能力。
而且对于每个争论的胜利者来讲，只要有争论的观点或争论的
人，就必须将其征服。他们觉得说服的艺术就是使用任何手段
以得到受众的认可或顺从，而不是要顾及受众的利益和感受。

　　但实际上，没有人可以改变我们的思维，我们可以自己做
出决定。无论有意还是无意，最终还是我们自己决定是否改变
我们的思想。

　　所以，不必要的争论是没有必要的，它不会起到任何作
用，反而会让我们彼此都受到伤害。不过，你可以用一种很委
婉的方式，用自己的思想去影响其他人，但是不要强迫他接受
你的意见。毕竟每个人都是有思想的，你的并不一定全对，他
的也并不一定完全没有道理，如果两个人的思想碰撞，也许会
得到更好的方法。

　　当然，较好的话语将会增加语言的潜在兑现价值，它能得
到更多的注意力、更多的理解和赞成。它也会让你记住，如果
你可以明智地选择话语，并用说服性的话语扩展人们的选择，
人们将视你为真正的领导。总之，如果人们将你与他们的利益
和选择相连，他们将会被你吸引，以得到进一步的指导。

　　最后，我们需要树立一个持久的公众形象，把自己最好的

一面留在别人心里。我们倾向于将人们与自己的内在分类进行比较，并迅速形成印象。之所以会有这样的反应是由于人们惯性地认为，自己的推论及相应的言谈举止是自我意识处理的结果。虽然这也许会特别地显示出，似乎我们正有意识地对自己的反应和言谈举止进行处理，但事实正相反，在与人进行交往时我们所采取的许多行动，反映的常常是深不可测的潜意识活动。我们也许会将自己的印象和反应归于有意识的思考，但事实是，人们先做出分类，然后才进行思考。所以我们可以利用这一点，积极地给自己打造第一形象。

第二章

懂得爱自己

爱别人才能爱自己

思想家希尔提说："没有灵魂的人无法生存下去，他不只丧失了现在的生命，也失去了未来的生命。只要心中有爱，就能克服任何事情。心中没有爱的人，一辈子都将处在与别人的交战状态中，最后疲倦地走上厌世之路，甚至憎恨人类。然而，在最初要下决心获得爱时，实在非常困难，所以必须接受上帝的引导，长久不断地学习，直至能够做到为止。"

心中有爱的人将不惧一切困难，因为万事万物都向他靠拢，都是他的忠实朋友。爱是一种境界，有了爱，我们可以让自己的生活不再空虚；爱是一种生存哲学，有了爱，我们的心胸更加坦荡，生命将不再单调乏味。

有一次，孟子走到一个荒漠里，看见一只受伤的貉，躺在沟里奄奄一息。孟子见到于心不忍，便想上去喂食，谁知这时远处跑来另一只貉，口里衔着一块肉，来到这只受伤的貉面前，把肉喂给它吃。

这时，不远处又跑来几只貉，它们来到这只受伤的貉跟前。其中的一只貉见到那只受伤的貉饥渴难耐，便跑到水塘里游了一圈，让身上沾满了水，再跑到这只受伤的貉跟前跪下，让它舔食自己身上的水。

那只受伤的貉在这几只貉的照顾下精神好了许多，待它吃饱喝足之后与其他几只貉一道离开了。

孟子见后，十分感动，由衷地赞道："人之道貉之道也！"

连动物都会如此关爱，又何况我们人类呢？

人类，之所以可以延续，就是因为心中有爱。因为有爱，我们的父母走到了一起；因为有爱，我们才在父母和师长的呵护下长大；因为有爱，我们可以一路与人同行；因为有爱，我们不再孤单寂寞，生活不再空虚。

但是，爱是有条件的，我们所爱的，应该是世界上那些美好的东西。

鲁迅说过："不要只为了爱——盲目的爱——而将别的人生意义全盘疏忽了。人生的第一意义是生活，人必须活着，爱才有所附。"生活是爱的源泉。一个人只有懂得生活，才能懂得爱；脱离生活，所有的只能是水中月、镜中花，美是美，但到头来只能是一场空。

爱，是一种博大，就像大海，可以包容一切。

托尔斯泰曾说："只爱我们所喜欢的人，这种爱不算是真正的爱。真正的爱是对存在别人心中也存在于我们自己心中的那同一个神的爱。由于这种爱，我们不但能爱自己的家庭，爱那些也爱我们的可亲的人，同时也能爱那些曾经做过错事的人。当我们如此去爱的时候，会比只爱自己同时也爱我们的人得到更大的喜悦。"

爱的力量是伟大的。美国曾经有一位教授做过这样一份调查，他对一个黑人贫民窟的200个孩子进行各种各样的测试，以预测他们的未来。但是他最后得出的结论却是，这些孩子将"一无是处"。

若干年后，这位教授去世了。他的学生从他的档案里发现了这份调查报告。怀着极大的好奇心，他们又来到了教授当年曾经到过的那个贫民窟进行调查，以确定那个结论是否准确。他们费尽周折找到了当年那些被调查的孩子，但是，结果却让他们大吃一惊。在当年接受调查的那些孩子中，绝大部分现在都已相当有成就。他们有的成了律师，有的成了作家，有的成了商界精英，还有的成了政界翘楚，这与当初那位教授下的结论完全不同。他们为了弄清其中的原因又对那些受访者一一进行访问，而这些人都说对他们的成长起到极大影响的是一位老师。于是，他们便又寻访到了那位老师，这位老师已经是鹤发童颜了。人们问她究竟是什么原因让当初的那些孩子有了那么大的转变时，她只是笑了笑，然后很温柔地说："因为我很爱他们。"

这就是爱的力量，它可以让我们从失败和绝望中走出，可以让我们对生活充满信心，更可以让我们的人生更加辉煌。

有这样一个寓言故事：一个女人看见三个衣衫褴褛的老人坐在门口，很是可怜，便走上前请他们进屋去吃些东西。

他们问男主人是否在家，女人回答说不在。他们说等男主人回来再进去吧。

不久，女人的丈夫回到了家，女人把这件事情告诉了他，他便让女人再次邀请几位老人进来。

但三位老人还是不肯进来。其中一个老人说："我们不能同时进入你家，我们一个叫财富，一个叫成功，一个叫爱。我们三个当中只能有一个人可以到你家去，你希望我们哪个进去呢？"

女人回屋去问丈夫，两个人商量了半天，最后决定让爱进家门。

女人再次走出来，让爱进去，老人点点头，呵呵笑着走进了屋。女人回头一看，居然发现另外两位老人也跟进了门。女人大惑不解，便询问缘由。老人们答道："哪里有爱，哪里便有财富和成功！"

爱是一种神奇的力量。因为它，我们才可以在这个美丽的星球上生存，并世世代代繁衍不息。因为它，世界也才变得不再冰冷。没有爱的世界，会是一片荒芜的沙漠；没有爱的人生，也会是一个冰冷的地狱。爱，是我们不竭的源泉，也是我们人生中一笔宝贵的财富。一个人的心中如果没有了这种感情，精神世界就会变得极为匮乏，也永远体会不到生活的乐趣。

所以，让我们学会爱，爱别人，也爱自己。当每个人的心中都充满爱时，这个世界会变得更加温情、更加温暖。

因为爱，所以爱

人类，之所以可以在这个世界上存在，就是因为爱。因为爱，可以互相帮助，生死与共；因为爱，能够开启智慧的闸门，成为万物的灵长；因为爱，世界才处处充满温暖，让心灵不再孤独；因为爱，人类才可以在这个美丽的星球上世世代代繁衍生息。

华泽丝顿小时候离家出走，四处漂泊，为了生存，有时甚至沿街乞讨，而且从来没有受过什么教育。他坦言自己是靠坐在车中间看着铁道沿线上的标识而识字的。就是这个人，后来却成为伟大的魔术师。在他40多年的魔术生涯中，观众对他如醉如痴，他积累了大量财富，被称为魔术师中的魔术师。

那么华泽丝顿成功的原因是什么呢？为了弄清这个原因，

希尔专门对他进行了拜访。原来，除了精湛的表演手法之外，他还有两样与众不同的本事。首先，作为魔术大师，他比别人更了解人性，他在台上的每个动作，都在台下经过精心地演练，可以抓住观众的心。另外，他对人真诚，不像其他魔术师那样把台下的观众想象成一群傻子。每次上台前，他都会对自己说，我爱我的观众，我要把他们当成朋友，把我最高明的手法表演给他们看。

华泽丝顿因为爱他的观众，才会那么用心表演，而他付出的爱，又给了他回报。爱就是这样一种神奇的力量，有它就会拥有一切。

一个哲学家和妻子出去散步，路边坐着一个正在乞讨的老妇人。妻子很善良，便希望给她点儿钱，却被丈夫制止了。丈夫对妻子说："应该给她的心灵送点儿东西，而不是一丁点儿物质上的施舍。"妻子对丈夫的话表示不解。

第二天，两人又去散步，不同的是丈夫的手上多了朵玫瑰花。当他们走到老妇人跟前时，哲学家弯下腰，双手把花递到了老妇人跟前。老妇人站了起来，伸出双手，握住哲学家的手，激动得半天没有说出话。接下来的几天，二人又去散步，却一直没有见到先前乞讨的那个老妇人。妻子关切地说："好几天不来乞讨，她怎么生活呢？"哲学家笑了笑，语重心长地说道："玫瑰花。"

这就是爱的力量，他让我们干涸的心灵变得充实，让我们的心中充满希望，也让我们取得伟大的成绩。人因为爱而存在，也因为爱而辉煌。有爱，就能创造出奇迹。所以，不要再吝惜你的爱。将爱心撒播，秋风起时，你也会收获属于自己的累累硕果。

用平淡克服贪婪

贪婪，就是欲望无边。它让我们成为欲望的奴隶，整日在形形色色的欲望驱使下忙忙碌碌。或许有一日你也可以荣华富贵，权倾朝野，但终将体会不到人生真正的幸福，稍不留意，就会葬身欲望的海底。

贪婪，是人性中的一颗毒瘤，它会慢慢腐蚀健康的机体。欲望太强，总有一天会引火烧身。秦相李斯便是一个很好的例子。

李斯，生于战国末年，楚国上蔡人，他是荀子的徒弟。年轻求学时十分勤奋，同荀子一起研究帝王之术，学习怎样治理国家，怎样从政。学成之后，便辞别师父来到了秦国。临行前荀子曾告诫李斯要注意节制，在成功之际要想想"物忌太盛"的话，不要太痴迷权势，给自己留条后路。

李斯来到秦国之后，先投在吕不韦的门下，这使他有机会接近秦始皇。后来，他看时机已经成熟便给秦王上书，分析天下形势，指出秦国之所以不能统一中国的原因。一是当时周天子势力还很强，威望也很大，不易推翻；二是当时诸侯力量也较强大，与秦国相比，差距尚未拉开。但如今周天子力量急剧衰落，而秦国也已趁诸侯混战之际强大了起来，所以现在正是统一天下的大好时机。

李斯的建议正符合秦王的心意，于是便重用了李斯。后来，李斯慢慢在秦国站稳了脚跟，赢得了秦王的信任。

之后，李斯的同学韩非来到了秦国。他知识渊博，思维敏捷，这对李斯构成了极大的威胁。当时秦国正准备攻打韩国，于是韩王不得不起用韩非，让他到秦国游说。当时韩非已有了大量的著作，如《五蠹》《说难》等。秦王读过他的文章后曾对其大加赞赏，而李斯又怕秦王将其留下并重用，那自己将永无出头之日。为了自己的功名利禄，他便诬陷韩非，让秦王将其处死。

后来，秦始皇统一了六国，李斯为了彻底消灭竞争对手，保住自己的地位又一手促成了焚书坑儒，给中华文化造成了难以估量的损失。公元前210年，秦始皇在他出游途中病死。当时随行的有李斯、赵高及秦始皇的小儿子胡亥。秦始皇临死之时曾有书信召长子扶苏送葬，但赵高作为胡亥的老师却希望皇位由他来继承。他们找到李斯向其说明其意，李斯开始并未应允，但赵高抓住他贪恋权势的特点，以扶苏继位必立蒙恬为相，到时他的权势将不保为由，争取了李斯，他们最后逼迫扶苏和蒙恬自尽，就这样由胡亥继承了帝位。

　　赵高和胡亥本是相互利用的关系，日后自然少不了钩心斗角。后来，赵高趁机诬蔑李斯，说他自恃功高，却没有得到封赏而心怀不满，且伙同其长子李由合谋反叛。李斯知道中计，便准备反击。他上书历数赵高的罪状力图挽回败局，谁知却把胡亥惹恼。

　　李斯见胡亥不听，便去联络右丞相冯去疾、将军冯劫联名上书。这下胡亥真的动怒了，再加上赵高一旁怂恿，当即下令逮捕了三人，一并罢官，下狱论罪。

　　冯去疾、冯劫不肯受辱而自杀，李斯却贪恋权贵，不肯就死。后来由于受不了严刑拷打，只好招供。胡亥令李斯受五刑，诛三族。李斯哭着对次子说："我想和你再牵着黄犬，出上蔡东门，赶捕狡兔，已不可能了！"李斯先被在面上刺字，再割去鼻子，截去左右趾，然后杀头，最后从腰中斩断，砍为肉泥。

　　一个人的贪念太多，就会受世俗所累，最终被名利所摧毁。若李斯懂得功成身退，对名利看得淡一些，也不至于落得如此下场。

　　人，之所以会贪婪，就是因为太想得到，永不满足。但有时，我们越是想得到，反而越会失去。

　　有这样一个故事：一位老婆婆背着一个装满了酒的罐子走来，她一路吃着一种很甜的果实。由于路途劳累，她感到口渴难耐，便到一处人家的井边讨水喝。由于她吃的那种果实的余味仍在，所以感觉喝下的水也甘甜无比。于是，她便要求用自己的酒换井里的水。主人虽感奇怪，但还是答应了。

　　回家后，老婆婆又尝了尝那些水，却感觉平淡无奇。她以为是自己的味觉有问题，于是便又请别人来品尝，但他们尝完之后都说这水没什么特别之处，这时老婆婆才明白当初自己之所以觉得井水甘甜完全是因为那种果实的原因，她很懊恼，后悔将酒送给了别人。

庄子说："其嗜欲深者，其天机浅。"天机，就是指一个人的智慧和灵性。意思是说一个人的欲望太大，就缺少智慧和灵性。

人生最大的烦恼，不在于拥有太少，而在于向往太多。而一个人拥有得越多，负担也就越多，快乐反而越少。所以我们经常看见身价百万的人整日忧心忡忡，而一无所有的人反倒活得潇洒快活。生活中，我们只有给自己一份平淡的心情，才能收获一份宁静、一份恬淡。

安守平淡的生活，就是要求我们能以平淡的心态来对待生活中的诱惑和干扰，让灵魂安然入梦。这样的人，于别人是湖泊一样的宁静，于自己是云朵一样的轻松。

毕竟，平淡是生活的主色彩，它让我们不为纷乱的生活所扰，让我们可以尽情地将心灵舒展，它让我们心如明镜、远离诱惑。

平平淡淡才是真。不再贪婪可以给心灵松绑，才能体会到人生的真谛和做人的意义。所以，就让心中那湾碧波，洗去心中的纤尘，还我们一片净土吧！

知足常乐

中国有句古话："知足常乐。"道出了生活的智慧。何为知足？知足就是满足、不贪婪，对自己所有的一切充满感激。一个人只有学会知足，才会懂得珍惜；只有学会珍惜，才能体会到生活的乐趣。

但是，有些人认为知足是惰性的一种自然流露，它会让我们不思进取，让我们停滞不前。其实不然。知足是一种处世艺术，它让我们躁动的心归于平静，让我们膨胀的欲望得到消退。当头脑彻底冷静时，我们的智慧才会爆发，才能才会得以施展。

欲望如火。一个人的欲望太盛，就会使自己时刻生活在煎熬之中。仿佛他们活着不是为了享受，只是为了得到。于是，拥有得越多，负担也就越多；不懂得珍惜，也就体会不到快乐。

幸福，是不能用金钱的多寡和占有的多少来衡量的。它更主要的是内心的一种感觉。只要心态平和、心情愉悦，自然也会怡然自得。世界上本就没有完美无缺的事物，如果你凡事要求太高，反而会让自己生活得很被动。怀谨先生说："凡事做到九分半就已差不多了，该适可而止，非要百分之百，或者过了头，那么保证你适得其反。"就如同饮酒，欠一杯可以头脑清醒，多一杯就会让你丑态毕露。

据《山房随笔》记载：隋朝年间，龙门县有个叫王通的人，曾经写过一部《太平十二策》，特地送到京城呈献给皇上，但没有得到重用。王通回家后便做了一名教书先生，当时有好多人慕名来拜他为师。杨素当时是朝廷重臣，他听说王通是个很有才华的人，很是欣赏，于是便劝他步入仕途。但王通却说："我不愿当官。祖先给我留下的几间草屋足以遮风挡雨，几亩薄田也足可以让我糊口。每日闲时便读读书，和弟子们议论议论治国之道，这样的生活很快乐。只是希望你可以公正地治理国家，使天下太平，这样我们也可以受惠了。"这是他的自足自乐之道。

欲望是无止境的，如果不加以控制，最后连自己也会被它吞掉。我们前面所讲的李斯便是个很好的例子。历史上，也不乏这样的教训。当欲望过盛到足以践踏道德的时候，便会成为人类的一种罪恶。像唐朝的武则天，为了获得权位不惜踩着儿女的尸体往上爬；还有易牙，为了获得君王的宠信不惜烹食自己的儿子。之所以会发生这些令我们所不齿的事，是因为他们不懂得对内心欲望的节制。

一个人，如果可以驾驭内心的欲望，使自己远离贪婪的诱惑，那么他也一定会取得令人羡慕的业绩。

春秋时期的楚庄王，是当时中原的霸主之一。他之所以能够成就自己的伟业，与他严于律己、不贪图享乐、励精图治是分不开的。

当时，周王室衰退，中原陷入一片混乱。楚庄王是一个胸怀大略的君主，他明白要想使楚国强盛，就一定要远离享乐、励精图治。

一次，令尹子佩请楚庄王到京台赴宴。京台左临长江，右靠黄河，南可见料山，风景如画，堪称人间仙境。当时楚庄王很爽快地答应了，子佩便备下酒宴，准备迎接庄王的到来。但没想到等了许久，也没见到庄王的身影。子佩不解，第二天见到庄王之后便问他为何失约。庄王答道："我听说京台风景优美，乃人间仙境。像我这样德行浅薄的人，恐怕难以承受诱惑，若沉溺于此，恐怕就会耽误了治国大事，因此改变初衷，决定不去了。"

正是因为楚庄王善于克制自己，安守平淡，所以才可以将自己的全部精力用于治国上，从而成为春秋时期的一位霸主。

可见，安享平淡是一种很深的智慧。它可以让我们远离诱惑、远离贪婪，让我们因欲望而过热的头脑得到冷静。人，最难的便是对自己心智的驾驭。当你可以将欲望这匹烈马驯服，让心海回归平静之后，你也定会有一个充实而又快乐的人生。

进退之道

生活中，我们需要有进有退。一味冒进，就会让自己完全暴露，使自己处于不利地位。而退一步，则可以让我们养精蓄锐，静观形势，以便伺机而动。进退之道，是一种处世的哲学，只有学会进退之道，才能在处理各种关系时游刃有余。

汉朝开国功臣中武有韩信，文有萧何，但两人的命运却完全不同。韩信被吕后害死，而萧何则明哲保身。韩信之所以会落得如此下场，就是因为他不懂得进退之道，不懂得隐藏自己，保护自己。而萧何功不及韩信，却能在汉朝的政治斗争中毫发无损，就是因为他懂得何时该进，何时该退。

萧何在刘邦任泗水亭长时就与其相识，且是同乡，所以两人关系极为亲密，后刘邦起义后，他便一直跟随左右。楚汉相争之时，刘邦离开关东与项羽进行了长达4年的战争，当时萧何一直留在汉中替刘邦镇守根本之地。由于萧何治理有方，汉中大定，百姓拥护。

汉三年，楚汉两军在荥阳展开激战，但此时刘邦却三番五次地派使臣返回关中慰问萧何。萧何对此并未在意，而门客鲍生警告萧何说："现今汉王领兵在外，但却几次三番地派人前来，定是对您起了疑心。为了免生祸端，不如在亲族中挑选年轻力壮的让其前方助阵，皇上心中一定很高兴，也可打消他的疑虑。"

萧何一听猛然醒悟，于是便依计而行。他派了许多兄弟子侄押了粮草到前方随刘邦作战，刘邦果然高兴，对他的疑虑也就消了。

汉十年，刘邦北征陈豨，韩信欲起兵谋反，吕后便在萧何的帮助下擒杀了韩信。刘邦拜他为相，并赐他五百人的卫队，众臣闻讯纷纷前来道贺。而此时召平却提醒他说："韩信欲反，主上又生疑心。今给你封赏不是宠公而是疑公，你只有让封勿受并以家财充军需方可自保。"萧何点头称是，于是便只受相国衔，让还封邑并以家财佐军，这才打消了刘邦的疑虑。

汉十一年，刘邦又带兵平定叛乱，留下萧何驻守长安。萧何仍全力抚慰百姓，安定民心。这时又有人提醒他说："公位至相国，功居第一，无法再加，且如此勤劳，深得民心，乃是众望所归。主上多次派人回来打听你的动向肯定是起了疑心。你若求自保，只能自毁声誉了，否则定离灭族不远。"萧何一听，便依计而行，最终又化解了这场灾难。

而韩信则相反。韩信率兵伐齐之时，斩了齐王田广，占领了齐国，不光扩大了自己的疆域，也壮大了自己的势力。这时他已拥兵十万，成为举足轻重的人物。当时刘邦与项羽激战正酣，但他却派使者求封自己为齐地假王。刘邦听后大怒，自己战事吃紧他不但不来相助反而趁机要挟想当齐王。他正想大骂韩信的使者，却被张良使了个眼色制止了。张良对刘邦说此时切不可得罪韩信，否则韩信一旦归顺项羽，他的前程便毁于一旦。现在韩信只不过是想试一下他的态度，不如顺水推舟让他做齐王，待灭楚之后再去对付他。刘邦一听有理，于是便压下了怒火，对使臣说："要当就当真王，何必当假王！"然后派张良带上印信，封韩信为齐王。但从此刘邦便认为韩信野心太大而且为人阴毒，欲将其铲除。

刘邦在韩信等人的帮助下打下江山称帝之后，为消除后患便下诏捉拿项羽的散兵败将。项羽的部将钟离昧与韩信同乡且交往甚密，于是，便在走投无路的情况下投奔韩信。韩信将其收留。但不久事情泄露出去，刘邦认为韩信欲勾结钟离昧谋反，便命他速把钟离昧押解回京。韩信不忍把钟离昧交出去，便矢口否认钟离昧在他那里。

刘邦大怒，准备下令捉拿韩信，但此却被陈平制止了。陈平说："陛下的兵不精将不勇，若兴师动众，出兵讨伐，韩信就算没有造反之心也被陛下逼反了。"刘邦一听有理，于是便平息了怒火。陈平又献计让刘邦佯称出游，此时韩信必当前来谒见，到时再趁机捉拿韩信。刘邦依计行事。

此时，韩信得知刘邦出游虽心中有疑虑但不去迎驾又恐失礼，去又怕会遭不测。属下见状便建议他将钟离昧献出。钟离昧得知情形后便劝韩信与他一起联合抗汉，却遭到韩信拒绝，于是便大骂韩信，然后拔剑自刎。

　　韩信见钟离昧已死，便割下他的头呈献刘邦，谁知刘邦一见韩信便不由分说地将他拿下。韩信此时才明白，感慨地叹道："果如人言。狡兔死，走狗烹；飞鸟尽，良弓藏；敌国破，谋臣亡。天下已定，我固当烹。"

　　但后来，刘邦念韩信功大于过且证据不足，便将其释放，夺去其兵权，将其由楚王降为淮阴侯，并将其困居于都城，严加监控。

　　韩信不满现状，便与国相陈狶商议谋反。陈狶起兵后，韩信准备在内部接应，袭皇宫捉拿吕后及太子。谁知事情败露，吕后得知消息之后便与萧何商量对策。萧何献计说可以佯称陛下已平定叛乱，这样诸臣必来朝祝贺，韩信自然也会前来，到时便可将其擒住。商议完毕二人便分头行动。

　　高祖平守叛乱的消息传出之后，群臣果然纷来庆贺，唯独韩信称病不往。萧何以探病为由，到韩信府上，说群臣皆入朝祝贺唯他没去，到时皇上必定怪罪。韩信无法，只得入朝。谁知他刚入朝门便被擒下，最后以谋反之罪被处斩。

　　佛语云：回头是岸。就是以退为进的意思。古来的先贤圣杰，从官场之中退居后方，是为了再待时机以图东山再起；有

些能人义士隐居山林，是为了等待圣明仁君。退，不是软弱，
而是一种生存的智慧。

学会妥协

妥协可以避免时间、精力等资源的过度投入，以使自己养精蓄锐，厚积而薄发。或者你会认为强者不需要妥协，因为他有资源优势，不怕消耗，但情况往往不是这样。妥协是一种智慧。我们可以借妥协所带来的和平时期扭转不利局面。而如果是对方提出妥协，那就表示他也有力不从心之处，需要喘息，说不定他要放弃这场战争；如果是你提出的妥协但最终也获得了对方的同意，则表示他也无心或无力继续这场战争，否则他是不会放弃胜利果实的。有时，有些争斗是可以避免的，只是由于我们太在乎自己的面子，所以才不肯退让，以致让自己和别人都受到重创。其实，没有必要太在乎输赢，就像楚汉之争中，刘邦几乎是每战必败，但是却在垓下一战中击败了项羽，建立了盛极一时的大汉朝。

　　当然，妥协是要付出一定代价的，有时甚至会让你感到屈辱。但留得青山在，不怕没柴烧。如果用屈辱换得存在，换得希望，那么这种屈辱也是值得的。当然，并非在所有的情况下都应该妥协，要具体问题具体分析。一般，要看你的主要目标是什么，不要把精力浪费在没有必要的争斗上，不要让无关紧要的小事占用过多的精力。如果你争取的是主要目标，那么无论如何都不应该妥协，而是要努力去争取。再就是要看妥协的条件，无论是谁提出的妥协，都不应把对方逼到绝路上去，毕竟无论哪一方都是有一定实力存在的，如果一方太过分的话，很可能会逼急另一方，最后导致玉石俱焚。

　　所以，生活中我们应该学会妥协，它不是一种懦弱的表现，而是我们生存的哲学。生活，是需要弹性的。只有懂得这个道理，才能获得生活的快乐。

不要过分炫耀自己

《庄子》中有句话"直木先伐，甘井先竭"，意思是说树木挺直就会遭人砍伐，井水甘甜的也往往最先枯竭。做人也是如此，历史上有不少人因为才华出众而遭人陷害，所以要学会韬光养晦，避免锋芒太露。

三国时期，杨修在曹操手下任主簿，起初曹操很重用他，而杨修却处处炫耀自己的才智，导致曹操对他越来越厌恶。

一次，有人给曹操送来一盒酥，曹操吃了一些，便又盖好，并在盖上写了"一合酥"三个字。大家都不懂这是什么意思，杨修见了，却拿着勺子和大家一起分吃起来。别人问他这是什么意思，他说丞相的意思是说一人一口酥。曹操知道后嘴上嬉笑，心里却有几分不快。

　　还有一次，曹操要建造相府，刚造好大门的构架，曹操便前来查看。看完之后，也不说话，只在门上写了一个活字就走了。杨修见到，便说门上加一"活"字，乃"阔"字也，丞相是嫌门太阔了，于是便命人把门造窄。曹操知道后，心中又觉不快。

　　曹操的长子曹丕和三子曹植都很聪明伶俐，深得曹操喜爱，尤其是曹植，能诗善赋，很得曹操欢心，于是便想立他为太子。曹丕知道后，心中恐惧，便秘密地请吴质到府中来商议对策，但又怕曹操知道，于是就将其藏在箱中，只说里边装的是丝绸。后来此事被杨修知晓，便向曹操禀报，于是，曹操派人到曹丕府上查看。曹丕知道后十分慌张，便命人告诉吴质，让他想办法。吴质听后，便让人转告曹丕，第二天在箱中放入一些丝绸抬去。曹操派去的人见果然又有木箱抬入，便派人搜查，结果却没有发现什么。曹操以为是杨修帮助曹植来陷害曹丕，十分气愤，对杨修更加讨厌。

　　曹操经常拿军国大事来试探曹丕和曹植的才干。杨修身为相府主簿，深知军国内情，于是每次都会写好答案交给曹植，所以曹植每次都能对答如流。曹操心中渐生怀疑，后来曹丕买通曹植的随从，把杨修写的答案呈送给曹操，曹操大怒，骂道："匹夫安敢欺我耶！"

还有一次，曹操为了考验俩兄弟的才智，让曹丕、曹植出邺城的城门，却又暗地里告诉守门官不要放他们出去。曹丕首先来到城门口，却被挡了回去。曹植闻讯后，便去杨修那里问计。杨修说："你奉魏王之命出城，有人若敢阻挡，格杀勿论！"曹植依计，到了城门果然遭到阻挡，于是拔剑杀了守门的官兵。曹操知道以后，先是惊奇，后来得知事情的真相，更加气恼杨修，对曹植也渐渐地疏远了。

建安二十四年，刘备进军定军山，他的大将黄忠杀了曹操的大将夏侯渊，曹操于是亲率兵马与刘备大军决战。但是战事一直不利，进难以取胜，退又怕被人耻笑。一天晚上，护军前来请示夜间口令，适逢曹操正在喝鸡汤，于是随口说了句"鸡肋"。杨修知道后，便叫自己的随从收拾起了行装，准备撤离。有人问其故，他却说："鸡肋食之无味，弃之可惜，正和我们现在的处境一样，进不能胜，退又恐遭人耻笑，久驻无益，不如早归，所以提前准备，免得慌乱。"曹操知道后大怒："匹夫怎敢造谣乱我军心！"于是，喝令刀斧手将杨修推出斩首，将首级悬于门外，以为警戒。后来虽然曹操果然兵败退军，但杨修却白白搭上了自己的性命。

　　一个人聪明没有错，但若恃才傲物便是错了。真正聪明的人，会隐藏自己的智慧，否则锋芒太露，自然会成为众矢之的。

　　齐国有位名叫隰斯弥的官员，此人为人机警，心智过人。当时他的住宅与齐国权贵田常的官邸相邻。当时田常野心勃勃，欲夺取大权。隰斯弥虽对田常有所怀疑，却一直不动声色。

　　一日，田常邀隰斯弥到自己府邸的高楼之上赏景。登高望远，周围景色一览无余，只有南边的景色被隰斯弥院中的大树挡住了。隰斯弥明白了田常带他赏景的用意，回到家中，便让家人砍倒那棵大树。谁知家人刚要动手之时，却又被隰斯弥制止住了。家人感到奇怪，便问是何用意。隰斯弥回答说："俗话说'知渊中鱼者不祥'，意思是说能看透别人的心思并不是一件好事。此时田常正欲举大事，就怕别人看穿他的意图。如果我命人砍掉那棵大树，田常就会知道我机智过人，可能会泄露他的秘密而使自己招来杀身之祸。但若不砍，顶多只会招来一些埋怨，却不会有杀身之祸，所以还是不要砍它了吧！"

正是因为黑斯弥善于隐藏自己，所以才没有给自己招来杀身之祸。

聪明分两种，一种是大聪明，一种是小聪明。爱耍小聪明的人每次以自己的小聪明获胜之后总会告诉人家以展示他的聪明，但他的小聪明也就到此而止。大聪明的人每次也总是会以自己的智慧取胜，但他却从来不肯说出来，所以别人感受不到他的聪明，但他的聪明还可以用第二次乃至第三次。这也就是我们所说的"大智若愚"吧！

学会深藏不露

有时，我们是要学会隐藏自己的。隐藏自己不是一种懦弱，而是一种生存的智慧。对于敌人可以起到麻痹作用，对于自己又可积蓄实力。

藏是藏拙，藏也可以是藏秀。这是以静制动，不暴露自己的实力，也不暴露自己的缺陷，最后抓住对方的致命之处，一击毙之。

东晋宁康元年，晋文帝司马昱死，晋武帝司马曜刚刚即位，早就觊觎皇位的大司马桓温便调兵遣将，准备趁机夺取皇位。他率兵进驻新亭，引起了朝廷的恐慌。

当时朝廷的众望寄托在吏部尚书谢安和侍中王坦之二人身上。晋文帝弥留之际曾命人起草遗诏，让大司马桓温依据周公摄政的先例来治理国家，并说："少于可辅最佳；如不可辅，卿可自取之。"但被王坦之阻止，于是只让他仿效诸葛亮、王导辅助幼主，所以桓温才没能当上皇帝。于是，朝中有人议论，桓温此次带兵前来，不是想要篡夺皇位，就是要诛杀谢王二人，所以王坦之心中甚是害怕。

　　而谢安却不同，他的神色镇定。其实桓温早就知道谢安的才干，这次进京也的确是为铲除二人。不久，他便派人传话，要王谢二人到新亭见他。

　　王坦之接到通知，便找到谢安商量，对谢安说："桓将军这次前来，你我恐怕是凶多吉少，这次前去，只怕是有去无回。"

　　谢安却笑道："你我同受国家俸禄，当为国家效力，晋室江山的存亡，便看你我的作为了。"说完，牵着王坦之的手一同向新亭走去。

　　到了新亭，但见阵容严整。王坦之脸都变了色，而谢安却不慌不忙，态度自若。他来到桓温面前，不慌不忙地向桓温施了一礼。桓温见谢安如此处变不惊，反而有点惊讶，只好请谢安入座。

　　谢安落座之后，与桓温攀谈起来，桓温始终找不到机会下手。谢安早就看到埋伏的士兵，便对桓温说："我听说诸侯有道，那么四邻就会帮你，是用不着自己到处设防的。你又何必在壁后藏人呢？"桓温听后极为尴尬，于是便命人将伏兵撤走。

谢安又与桓温谈了许久，桓温始终找不到机会加害于他。而一旁前来的王坦之却早已吓得说不出话来，待到与谢安一起回到建康时，冷汗早已将衣服湿透了。

不久，桓温得了重病，却还希望朝廷可以赐他"九锡"。由于他一再催促，谢安便让人起草，但故意拖延，因为他深知桓温病重将不久于人世，于是便用了这个缓兵之计。后来，桓温果然野心未能得逞便死去。

胸怀宽广

雨果说过："世界上最宽阔的东西是海洋，比海洋更宽阔的东西是天空，比天空更宽阔的是人的胸怀。"

一个人只有学会宽容，才有包容万物的气度，他的胸怀便如大海般宽广，任波浪滔天，一切尽在掌握。宽容是每个成大事的人所必须具有的素质，他可以吸收所有人的力量而为我所用，他可以集合所有人的智慧铸就自己的辉煌。

拿破仑在长期的军旅生涯中养成了宽容他人的美德。作为全军的统帅，少不了训斥部下，但他每次都能照顾到士兵的情绪。他对士兵的这种尊重，也使整个军队更加团结，手下的将领也更愿意为他卖命，而这种凝聚力也让他的军队成为一支攻无不克、战无不胜的劲旅。

在一次战斗中，拿破仑夜间巡岗时发现一名巡岗士兵倚着旁边的大树睡着了。他并没有责骂他，也没有将他叫醒，而是拿起他的枪替他站起了岗。士兵醒来后见到主帅，心中十分恐慌，急忙向拿破仑请罪，但拿破仑却很和蔼地对他说："你们作战很辛苦，又走了那么远的路，打瞌睡是可以原谅的，但是目前一疏忽就有可能送了你的小命，我不困，所以替你站了一会儿，但下次一定要小心。"

正是因为拿破仑的这种宽容，让他在士兵中树立了很高的威信，所以他的士兵才可以横扫欧洲，建立了法兰西帝国。

在中国古代史上，唐朝的地位是不可忽视的。其深远的影响力甚至已经超出了历史的界限，一直延续到现在。至今，海外华人聚居地仍然习惯上称为"唐人街"，唐装仍然作为一种时尚的潮流长盛不衰。从古至今，还没有哪个朝代的影响可以像它那样深远。至今，人们嘴里仍然喊着"梦回唐朝"以示对那个朝代的怀念。而所有的这一切都离不开这个朝代的缔造者——唐太宗李世民的功劳。

李世民是我国帝王史上最为有名的一个君主，他开创了一个黄金时代，使我国的封建社会达到了顶峰。身为一代明主，在他身上有着其他君主很少有的品质，这就是宽容、博大。

　　玄武门之变之后，李世民登上了帝王的宝座，当时许多人主张把建成与元吉的党羽赶尽杀绝，但李世民没有这么做，而是以高祖的名义下令招抚人心，得到了像魏徵、王圭等这样的名臣。而这些人也的确不负唐太宗的厚望，对朝廷鞠躬尽瘁，从而开创了唐初的清明盛世。

　　太宗皇帝的文采也很高。中秋之夜，太宗皇帝在后宫大宴群臣，借着酒兴，自己赋得一首宫体诗，然后交与众人品评。没想到大臣虞世南当众劝李世民不要做这样的诗，因为诗作的内容并不高雅，若民间也争相效仿，到时奢靡之风定会盛行，而这种风气对国家的安定繁荣是不利的。当时太宗皇帝兴致正浓，没想到当众被泼了一盆冷水，其难堪可想而知。但是太宗皇帝并没有生气，反而因为虞世南大胆直言而奖励了他。

　　此外唐太宗的书法也写得十分漂亮，尤其擅长飞白书。一次大宴群臣，酒酣之际，众大臣向太宗皇帝索要墨宝，太宗写完之后便童心大发，将纸高高举起令众人争抢。众大臣也忘了礼数，刘洎居然跳上了龙椅一把将字抢了过来。龙椅是古代帝王的象征，代表着皇帝至高无上的权威，是不允许任何人侵犯的。有些头脑清醒的大臣立刻意识到了事情的严重性，刘洎也意识到自己闯了大祸，酒醒了一大半。谁知太宗皇帝却没有治他的罪，而是半开玩笑地问他有没有扭伤脚，当时的气氛立刻缓和了下来，大臣们又尽兴玩乐起来。

在历史上，太宗皇帝一直以善于纳谏著称。对于古代君王而言，尽管个个标榜从谏如流，但是真正懂得忠言逆耳这个道理的却不多见。太宗皇帝之所以能做到这点，就是因为拥有其他帝王难以企及的宽广心胸。

太宗皇帝宽广的胸怀，在对待少数民族的政策上再一次体现出来。唐朝是一个多民族的国家，但是各民族却可以和睦相处。这与太宗皇帝开明的统治是分不开的。他不但制止了少数民族的骚扰，还恢复了同西域及中亚、西亚国家人民交往的通道，使唐朝的影响力远波到世界各地。

对于少数民族首领，唐太宗也体现出了难得的信任。当时，不少部落首领甚至被允许在长安任职。不少将领成了军队的首领，几乎参与了所有的战争。有的少数民族将领甚至还在禁军中担任要职，负责保卫整个皇宫的安全。而这些少数民族将领，也无不尽心竭力，为缔造盛世唐朝做出了不可磨灭的贡献。在中国帝王史上，也只有唐太宗才有这样的心胸，因此，也只有他才创出了另常人难以企及的万古基业。当时的长安城，不仅是各民族的大都会，也是世界性的大都市。唐朝以泱泱大国的气度，征服了周边国家，形成了万国来朝的局面。

一个人的胸怀，决定一个人的气度。一个人的气度，又决定了一个人的作为。无论是谁，要想成功，就要获取别人的帮助，这就需要我们学会容人。如果你心中只有自己，那么能利用的也只有自己，就算你再有才华，也难以做出多么辉煌的业绩。只有敞开胸怀，以一种包容的心态接纳一切，我们才有望取得成功。

宽广，就要求我们要学会宽容，可以原谅曾经伤害过我们的人或事。毕竟，一个人最大的痛苦不是遭遇痛苦，而是让自己沉浸在痛苦中不能自拔。所以，何妨给别人一次改过的机会，而自己也可以收获一份平静，何乐而不为呢？

宇宙由于宽广，所以才有了众多的生命，这个世界才充满了生机；大海因为宽广，所以才可汇聚涓涓细流，才有了波浪滔天的壮观；胸怀只有宽广，才能集聚众人的智慧，才能成就一番伟业。

不要给快乐设防

我们之所以不快乐，是因为心灵的堤坝将快乐挡在了外面。

每个人都有过心灵受伤的时候，于是那些伤口在心中扎了根、发了芽，让我们陷在痛苦的深渊中而无法自拔。

想要得到快乐，就请忘掉烦恼吧！学会忘掉以前的不快，学会宽容。

古希腊神话中有这样一个故事。有一位大英雄叫海格里斯。一天，他正赶路之时发现前边有一个袋子样的东西挡住了去路。他于是踢了那东西一脚，谁知那东西不但没有被踢跑反而膨胀起来。他一看顿时生起气来，于是拿起一根木棒拼命地砸它，结果它反而越来越大，最后连路都给堵死了。

这时，智慧女神雅典娜突然出现了，对他说："这个东西

叫仇恨，你不犯它，它也不会犯你；你若侵犯它，那么，它就
会不断地膨胀，不断地扩大。所以不要理它，赶快离去吧！"

　　所以，不要浪费一分钟的时间让自己去想那些不开心的
事，否则，只会被它们拖到筋疲力竭。

　　人有一份器量，便有一份气质；人有一份气质，便多一份
人缘；人有一份人缘，必多一些朋友；人有一些朋友，必多一
份快乐。

　　宽容，是一种生活的智慧。它可以让我们忘掉烦恼、忘掉
仇恨。所以，对伤害过我们的人，不必斤斤计较，应该学会遗
忘，这样才不会让仇恨和不快继续蔓延。就像动物，它们之所
以会快乐就是因为它们是健忘的。这个世界本来就是这样，各
种物质、各种生命都为生存争夺着空间，因此各种摩擦与伤害
是不可避免的，应该以一颗宽容的心来看待这一切。

　　美国总统林肯，以待人宽容而著称。一次，一位议员责怪
他不应该对待自己的敌人这么宽容，而是应该试图消灭他们。
而林肯却微笑着回答："当他们变成我的朋友，难道我不正是
在消灭我的敌人吗？"正是因为这样的胸怀，所以尽管林肯政
府成员复杂，但他总能很好地协调，使他们对自己的工作尽心

竭力。

　　有人认为宽容是一种软弱。其实二者有着根本的区别。软弱是懦弱，是对困难的一种退缩。而宽容则是包容，它是处于优势地位的人所做出的一种让步。对待敌人，最好的办法并非是消灭。因为消灭敌人只会浪费你大量的精力。就算你已将对方置于死地，但自身所损耗的能量也是不容小觑的。最好的办法就是像林肯所说的那样，把敌人变成朋友，这样的结果是相加的，可以取得比相减更好的效果。当然，想要把敌人变成朋友，不仅需要一定的智慧，更需要一定的心胸。而一旦你有了这样的心胸，也一定会吸收各方的力量而为我所用。

　　当然，宽容也不是无原则地宽容，过分的宽容反而会害了自己。我们所说的宽容，必须遵循法制和道德的规范。对于那些受过良好教育的人，宜采取宽恕和约束相结合的方法。美国诗人洛斯特说过："有好的篱笆才有好的邻居。"

　　宽容并不等于纵容。宽容是包容和理解一些可以原谅的错误。毕竟人无完人，每个人都有犯错的时候，给别人一点儿宽容，也就相当于给别人一次机会。但是，宽容是有限度的，如果你忘记了这个限度，就成了纵容，而这则是我们所不希望看到的。对方一再故意地重复同一个错误，而此时你仍然持一种

漠视的态度，这就成了纵容了。这并非一种善良，而是一种软
弱。会让无辜的人受到更多的伤害，让犯错的人在错误的道路
上越走越远。所以，宽容是需要底线的。

　　宽容是给自己一次快乐的机会，也是给别人一次改过自新
的机会。宽容可以铲除心中的不快，让心胸变得更加博大。

　　请学会宽容，确切地说是"智慧的宽容"，然后快乐就会
源源而来。

第三章

调整自己

证明自己

　　或许从小到大，你有很多的理想，但是慢慢地你发现这些理想都枯萎了、凋谢了。你或许感到惋惜、感到悲哀。但当你仔细分析原因的时候，会很吃惊地发现，那些理想之所以没有实现并非没有能力去将它实现，而是一直没有付出过行动，那些理想是被自己扼杀的。

　　如果想成功，如果不想再让自己在悔恨中度过，那么就请行动起来。无论想做什么，都不要把它推到明天去做，否则，它便会在时光的消磨中慢慢地死去。

　　有一个作家对创作抱着极大的野心，期望自己成为大文豪、大作家，但是他的美梦却久久没有实现。他说："因为心存恐惧，我是眼看一天过去了，一星期过去了，一年也过去了，但仍然不敢轻易下笔。"

而另一位功成名就的作家却说："我很注意如何使我的创作有技巧、有效率地发挥。在没有一点儿灵感时，也要坐在书桌前奋笔疾书，像机器一样不停地动笔。不管写出的句子如何杂乱无章，只要手在动就好了，因为手到能带动心到，会慢慢地将文思引出来。"

行动就是力量，它可以把智慧调动出来，所以只要不再等待、拖延，你会发现其实成功并不是那么遥远。

有两姐妹，她们的父亲是一个不得志的画家，但很有才华。只是生活的窘迫让他不得不赚钱来维持一家人的开销，于是很少有时间作画，只是找一些画来收藏。两个小姐妹整天跟着父亲，对画也有了一些鉴赏的能力。

一天，同学来找她们，征求她们的意见买画。两个姐妹便拿出自己收藏的画给她看，并同意把自己的先借给她用。

那天晚上，姐姐推醒了正在熟睡的妹妹："我想到了一个好办法，我想也许我们应该开一个租赁公司，把我们自己所收藏的画租出去，然后收取租金，这样我们就可以赚到钱了。"

"的确是个好主意。"妹妹表示同意。

第二天，她们找到了父亲，把想法告诉了他。但父亲不同意，他认为那些名贵的画可能会在出租的过程中受到损坏，或者她们根本就收不回租金，更有甚者还可能引发法律诉讼和保险问题。

但是两个女儿的态度很坚决，她们说服父亲把没有用的仓库借给她们，然后又从父亲所收藏的那些画中挑出1000多幅优秀的作品，将它们装在相框中摆好，然后便开始寻找客源。她们每天都在不停地跑商店、娱乐场所、旅馆、公司等所有能想到的地方，她们还通过同学、老师、朋友等各个渠道来进行宣传。开始是艰难的，因为人们不相信她们，但慢慢地，生意越来越好，大约有500多幅画很频繁地被出租给商业公司或私人家庭。有些人甚至还慕名前来。后来，她们成立了自己的公司，专门从事图画租赁业务。结果不出两年，便赚取了大量的金钱，生活也大大地改善。她们不但给父母买了一幢新房子，还送给他们一辆车，这样两位老人便可以随时去他们想去的地方了。

事情就是这个样子，只要付出行动，就离成功不远了。两姐妹若当初只是做梦而不去付诸行动的话，恐怕还是摆脱不了贫困的生活，这就是行动的力量。

我们之所以不肯行动，一般是因为心中的恐惧，不相信自己能做好，不相信能成功。当然，付出行动不一定能够成功，但若不付出行动，就肯定不能成功。

无数事实证明，只要行动，总会有所收获。

行动的最好方法，就是要马上去做，立刻去做，不论从哪个角度来讲，这都是一个真理。

鲁迅在一篇叫作《马上日记》的文章中写道："……然而既然答应了，总得想点法。想来想去，觉得感想倒偶尔也有一点的，干时接着一懒，便搁下了、忘掉了。如果马上写出，恐怕倒也是杂感一类的东西，于是乎我就决计，一想到就马上写下来，马上寄出去，算作我的划到簿。"

"马上"，就是一个人成功的秘密。

所以，请马上行动起来，当你真的将一切付诸行动之后，会发现成功其实就是这么容易。

拒绝拖延

　　人的一生中，总有各种各样的憧憬和理想。假若我们可以将所有的憧憬都抓住，将所有的理想都实现，将所有的计划都执行，那么人生将无比辉煌。然而实际生活中往往事与愿违。

　　美国哈佛大学人才学家哈里克说："世上有93%的人都因拖延的陋习而一事无成，这是因为拖延能杀伤人的积极性。"

　　人是懒惰的，总喜欢把现在的事留到将来去做。特别是那些不喜欢的事情，就更会一拖再拖。因此，所有成功的人士几乎有一个共同点，那就是当他们对一件事情感到新鲜及充满热忱时就立即将其付诸行动。

　　热情和激情，往往是一个人能够成功的关键，因为那是使他前进的动力。一个没有热情和激情的人，就像没有发动机的汽车，是不可能前进的。而拖延的习惯，是消灭一切热情和激情的杀手。

所以，我们应该尽自己最大的努力去避免拖延。如果发现自己身上有这种毛病，就一定要改变。

比如早上赖床，每次闹钟响后都要再躺几分钟，久而久之，上班迟到，错过重要会议，或者错过重要客户，也或者适逢公司减人，因为你总是迟到，所以被列入"黑名单"，那么你将失去工作。如果你每天告诉自己钟声响后就立即起床。那么用不了多久，你就会改掉这个恶习。

如果你想学习一样新鲜的事物，却让自己等待，你就会发现时间越长，自己对它的兴趣越淡、越来越没有激情，最后只能不了了之。

搁着今天的事不做，非要等到明天做，在拖延中所耗去的时间和精力完全可以让我们把那件事情做好。

"命运无常，良机难再。"不及时抓住良机，以后就可能永远失去它。

我们之所以会拖延，有两个原因：一是认为眼前的事不重要，不需要着急；二是手头的事太棘手，于是便患了恐惧症，将它以"暂缓"的名义搁置起来，但这往往会后患无穷。如果一项工作真的不重要，那么就将它取消，但是不要将它推迟，因为这样就会让自己养成拖延的习惯。而对于那些很重要但又让我们感到头疼的事情，却不能让它一拖再拖，因为这样会很占用精力。反正躲是躲不掉的，干吗不早一点儿解决呢？

国际金钱记录机公司的创立者J.H.巴达逊看见自己一个得力助手的工作状态总是不太好，他很是担心。一天下班后，他便把助手抽屉里堆积的那些文件通通拿了出来，然后搁在桌子上。他在那堆东西上留了一张小纸条："要把抽屉中不想做的事先处理掉，我们公司是经营事业的，并非殡仪馆。"

凡事不可拖延，在这个生活旋律越来越快的年代，你会因为拖延而失去很多机会。改掉拖延的习惯吧，无论做什么事，都要想到就去做，让自己学会立即行动，那样就会实现憧憬、理想和计划。从现在开始，立刻行动起来！

迈出行动的第一步

　　曾经有一位63岁的老人，从纽约市出发，步行到了佛罗里达州的迈阿密。当她到达目的地时，一位记者采访了她，想知道她这一路是如何走过来的，到底是什么力量支持着她走完全程。老人回答说："走一步路是不需要勇气的，我所做的就是这样，走一步，再走一步，一直走下去，结果就到了。关键是，你要有勇气迈出第一步。"

　　是的，你必须走出第一步，不论用多少时间思考和研究。毕竟只有在行动之后才会有效果。

　　但是，有多少人真正有这种勇气呢？事情还没有开始之前，他们就在心里盘算着可能遇到的挫折和困难，最后得出的结论便是：这根本就不可能。恐惧只存在于心中，而人们往往低估了自己的能力。每个人都有巨大的潜能，遇到困难的时候这些能量就会爆发出来，而将自己以为无法克服的障碍、无法解决的困难统统解决。关键是有勇气踏出第一步。

克里曼·斯通是著名的成功学大师。一次他在墨西哥城访问的时候，遇到了一对夫妇。这对夫妇说他们非常想在加丁区买一所房子，但是没有这么大的一笔钱。斯通建议他们读一些励志的书，然后告诉他们可以像自己当年买房那样采用分期付款的方式。

后来，他接到了那对夫妇的电话，他们告诉他如今已在加丁区买了一幢房子。他们解释说，星期六的一个傍晚，朋友请他们帮忙开车去一趟加丁区。当时他们并不打算去，但后来一句话给了他们鼓励，那就是"迈出第一步"。于是，他们便答应了那位朋友的请求。当他们把朋友送往加丁区的时候，见到了梦寐以求的房子，甚至还有他们所渴望的游泳池。于是，便用斯通教授的方法买下了它。而且更为奇妙的是，他们住在加丁区的费用比自己以前住房的费用还要低。

一个人要想成功，就要有迈出第一步的勇气，否则只能在成功的门外徘徊。

北京通产投资集团老总陈金飞，他认为创业阶段是一个起步最为艰难的时刻，那时最需要勇气。但是一旦你迈出了这一步，那么离成功就不远了。

陈金飞创业之初根本没有钱，但他没有打过退堂鼓。他的第一间办公室非常的简陋，在北京郊外高碑店乡一个猪圈的后面。那是大通装饰厂的厂房，房子盖得很随便，根本没有设计图纸。屋内的设备也很简单，只有一个办公桌和几个小板凳，这些都是他用旧物改造来的。最奢侈的家具便是一把老式竹椅。但是就是在这里，陈金飞接待了所有重要的客人，其中还包括外商。

陈金飞的第一笔生意，也是最小的一笔生意，只赚了35元钱。这笔生意就是给北京篮球队印几件跨栏背心的号码。他和工人们一起动手，不到10分钟就干完了。钱到手之后，他们又发愁了，因为这也就意味着他们又要"失业"了。

当时条件那么艰苦，他们却从来没有想到要放弃。陈金飞认为他成功的原因是因为胆量和勇气，当时有好多人条件比他们好，资金比他们雄厚，却没有成功，就是因为他们被自己心中的恐惧束缚住了手脚，没有迈出那关键的第一步。

那时有一个美国发泡印花订单，当时这种发泡技术还没人掌握，就连国营大厂都不敢接，他们怕麻烦，更不愿意冒险。后来，外贸公司找到了陈金飞，问他愿不愿意接，陈金飞毫不犹豫地一口答应了下来。但紧接着就发愁了，因为他们根本就不知道怎么干。那时真把他急坏了，他天天跑化工商店，请教工程师们。通过多次的实验，陈金飞终于掌握了发泡所需的各种化学原料的配比和温度。当时也没有听说过发泡机，所以只好用最原始的工具，电吹风、电烙铁都被搬上了战场。车间里经常能听到工人们兴奋地叫声："发起来啦！"那神情不像是工作，更像是一群做游戏的孩子。就这样在谈笑间，他们保质保量地做成了近百万元的生意。他们就是凭着这种敢于面对困难的勇气和敢于尝试新事物的胆量，掌握了发泡技术，公司前期几百万的收入主要都是来自发泡印花的订单。

成功者与失败者的区别就在于，前者动手，后者动口。人生伟业的建立，不在于能知，而在于能行。所以，你不要再犹豫，请勇敢地踏出第一步！

相信自己能行，你就能行

太多的人不能成功，就是因为没有将想法付诸行动，那是因为他们不相信自己。如果有足够的自信，就不会被心中的恐惧吓倒。

在一个偏远的小镇上，有一片郁郁葱葱的竹林，竹林的主人是一个残疾人。他拖着跛腿用双手开辟了近60亩的荒地，每年创造近40万元的收入。

10多年前，他还是一个建筑工人。在一次工程事故中，他不小心从楼顶摔了下来，结果摔断一条腿。但是他没有悲观，因为他知道那对他不会有任何帮助，能做的就是重新振作起来，因为他是家里唯一的男劳力，全家人的希望都在他的身上。于是，他回到家乡承包了60亩荒地。

　　当时所有人都认为他疯了，因为他一没基础；二没资金；三没技能，更何况还是个残疾人。他就凭着勇气和信心开始了艰难的创业历程。

　　他没有资金，便自己跑，开始没有人相信他，所以一分钱也没有筹到。后来，他找到了县办公室，把计划和盘托出，县办公室认为这是个很好的扶贫项目，于是批准了，并无偿给他提供了大量的竹苗，还派一些技术人员对他进行帮助。在县政府的担保下，他又向银行贷款，在山上种下了60亩的竹子。

　　但这仅仅是一个开始，更大的困难还在后边，没有工人、没有流动资金、没有市场、没有销路……所有的这一切都要靠他自己解决。他每天都得东奔西跑，一刻也不得清闲。他一边向那些技术人员请教，一边自己查资料学习，以便尽快地掌握技术。他又发动亲朋好友来帮忙，并用以前的积蓄雇了一些工人。培土施肥时，为了节省费用，他只好自己一趟趟地跑，买化肥、搬运、施肥，几个月下来，人瘦了一圈。经过一年多的努力，他的竹林已粗具规模。

　　在技术人员的指导下，还有自己一点点的摸索，他的竹林长势很好，竹笋长得也很好，所以客源也就源源不断。后来，他又开始加工竹笋，这样价格就比原来提高不少。后来，生意越来越好，带动了整个县里的经济。

　　"其实，事情并没有那么难。"他经常这样对别人说，"最重要的是不要让自己把自己吓倒了！"

把握好你前进的方向

笛福说过："对于盲目的船来说，所有方向的风都是逆风。"一个人只有明确方向，才能在成功的道路上越走越远。

一天，一个学生见一个老农正在弯着腰插秧。令他惊奇的是秧苗竟如此整齐，犹如丈量好的一样。他很奇怪，于是问老农用的什么办法使秧苗这样直。

老农没有说话，只是递给他一把秧苗，让他也插插看。于是，学生便低头插了起来，插完之后回身一看，只见秧苗歪歪扭扭，乱七八糟。

老农见他的秧苗七扭八斜，便说："你的目光要盯住一样东西，只有这样才能把秧苗插直。"

于是，学生便照老农说的去做，果然插出一排整齐的秧苗来。

　　人生又何尝不是如此呢？人生，就是一场艰难的跋涉，使人感到疲劳的不是那遥远的征程，而是在前进的过程中，一直不知道是否选对了方向。

　　有一个迷茫的青年，来找一位成功学大师，希望对方可以给他一些指点。这个青年非常聪明，人也勤快，但他在事业上一直没有进展，为此他感到非常苦恼。

　　这位成功学大师帮助他分析了目前的就业形势以及人生的态度，然后对他说："告诉我，你喜欢哪一类的工作？"

　　"我也不太清楚，不过我觉得哪种工作我都可以胜任。"

　　"那么你觉得自己的特长是什么呢？"

　　"我爱好音乐，对画画也感兴趣，另外对数字也很敏感。所以我不知道自己到底该选择哪一方面的工作，这就是我来找您的原因。"

　　成功学大师笑了笑，然后请他坐在自己身边，给他讲了一个故事：

　　从前有一个部落，部落里的人住在一个大沙漠的绿洲里，如果他们想从沙漠中走出，需要三昼夜的时间，但奇怪的是从来没有一个人可以走出这个沙漠。后来，一个学者来到了这里，他感到很奇怪，因为这里离沙漠的边缘并不是很远，可这里为什么没有一个人能够走得出呢？为了弄明白究竟，他从这个沙漠出发，一直往北走，结果三天就走了出来。后来他又叫了一个当地人，然后让这个当地人给他带路，但他们走了好几天就是走不出这个沙漠。不过，这位学者也弄清了当地居民走不出沙漠的原因，原来他们根本就不认识北极星。

说完之后，成功学大师对这个青年说："首先，你要有一个明确的方向，然后就有了人生的指南针，这样就不会再迷茫了。"

青年听完之后，顿时醒悟，回去之后，把自己的优势和劣势完全列了出来，然后又根据自身的特点，订了一个清晰的计划，果然没几年时间，他就成了一个在商场上叱咤风云的人物了。

"人，认识你自己！"这是刻在古希腊神庙里的一句话。我们只有充分地认识自己才能够确定自己究竟想要什么。我们只有清楚自己想要什么，才能够有的放矢，才能够不让自己的大好青春在迷茫中虚度。

确立明确的目标

你是命运的主人，是自己灵魂的领航人，要走什么样的路是自己的选择。因此，只有找到属于自己的舞台，才能把握人生。

有一种昆虫，总喜欢在夜幕降临之际出门觅食，这时它们总会排起队，一只接着一只。有一个动物学家做了一个试验，他把这些昆虫引到一个花盆的边上，这样那些昆虫就一只接着一只，慢慢地绕着花盆围成一个圆圈。然后他又把一些食物放在花盆的中央，想看一下那些昆虫能不能找到，谁知这些昆虫只知道跟随着前一只的线路，只是围着那只花盆不停地转来转去，结果几天过后，居然都饿死了。

这些昆虫缺少的是什么呢？目标，它们迷失在路线当中，而忘记了自己真正需要的是什么。

　　生活中，如果没有一个明确的目标，就会很容易受到外界的影响，只有明确目标才可以让我们的全部思想和力量都集中在一点上，全身心地投入。

　　伟大的人，总会有一个伟大的目标。难以想象一个没有目标，随遇而安的人会成就一番惊天动地的事业。思想，是一个人的灵魂，是一个人前进的动力，思想有多远，就能走多远。霍去病因为有"匈奴未死，何以家为"的壮志，所以小小年纪便建奇功。英国诗人济慈，从少年时代就立志要做名诗人，他曾经说过："我想我死后可以跻身于英国诗人之列。"虽然他一生贫困，在26岁时就离开人间，但他给我们留下了许多优美的诗歌。卡内基原来只是一家钢材厂的工人，但他以制造及销售比其他同行更高品质的钢铁为目标，结果成为全美国最富有的人之一。这就是目标的力量，当思想与目标统一在一起的时候，就会产生巨大的力量，因为它可以让我们抛弃心中的一切杂念将全部精力聚集在一起。

　　目标是思想的支柱，没有目标的人就会思想软弱。体质虚弱的人能够通过加强体育锻炼使身体强壮起来，而思想软弱的人也会通过思想的锻炼让自己更加坚强。一个人只有确立了明确的目标，才能够更加专心致志，将心中所有的怀疑和恐惧通通抛掉，让每一缕思想都充满力量。

　　我们知道目标的重要性之后，就要给自己确立一个明确的目标。在确立目标时，一定要注意几个问题。首先，目标的确定一定要与自身的实力相结合，不能过高，也不能过低。目标过高，超过了自身的能力，就难免会落空，会严重挫伤我们的积极性。相反，如果目标过低，太容易达成，就不可能激发出自身的能力。其次，在制定目标时不要过多，一个人的精力总是有限的，不可能在任何方面都做得很优秀。目标过多，就会分散精力，到头来不仅让自己十分疲劳，而且也难以达到预期的效果。再次，明确达成这一目标最需要做的是什么，也就是做事要抓住重点，分清主次。

剑走偏锋，出奇制胜

　　我国古代兵法，讲究一个"奇"字，只有这样，才能绕过敌人密布的防线，出其不意，攻其不备，取得胜利。

　　唐朝中叶，安禄山发动叛乱。叛军一路势如破竹，这一日来到了雍丘。雍丘的守将叫张巡，是一位很有才能的将领，他带领全城军民共同抗战，将叛军牢牢地挡在了城外。叛军虽然攻不进城，但城内的情形也不乐观。经过多日激战，城内箭已用尽。于是，张巡想了一个办法，他叫士兵们扎了好多草人，然后在夜深之时用绳吊着放下城去。叛军一看，以为是唐军准备偷越出城，于是便一阵乱箭射去。等草人身上插满了箭后，张巡便叫士兵将草人提上来，从上面取下箭。如是三番，他们从叛军那儿弄到了好多箭。

　　后来，消息泄露了出去，叛军将领气得咬牙切齿。又一晚，城上又放下好多黑人，叛军将士一看，哈哈大笑，说张巡又拿草人来骗我们的箭了，这次咱们别上当，不理他。结果没多久，那些草人就不见了，刚才那位将领说，定是张巡知道我们不会上当，所以把草人收回去了。谁知夜深人静之时，突然跑出一支队伍，冲叛军直杀过来。城里的唐军也摇旗呐喊，杀出城外。叛军一个个睡得正酣，听见震天的喊杀声，不禁大惊失色，以为是唐朝的援军到了，于是也不敢抵抗，一个个落荒而逃。

　　原来这又是张巡用的一计。晚上从城上吊下的那些不是草人，而是唐军的敢死队。他们下城之后，便埋伏起来，等到叛军熟睡之后，再和城里的士兵相呼应。叛军不知真伪，以为唐军大队人马已到，于是拼命逃跑。其实敢死队一共才500人，等叛军逃走以后，他们与城里的军队会合，杀出10多里，取得了胜利。

　　外国军事史上，也不乏这样的例子。第二次世界大战末期，盟军的最高决策层决定横渡英吉利海峡在法国登陆。他们当时有三个地点可供选择，但其中诺曼底是最为理想的一个。同时也有一个最让人头疼的问题，因为诺曼底根本就没有大型码头，大型军舰没有办法靠近，重型武器也就没有办法运到岸上去。如果修建一个，那么没有三年五载是不行的，最少也得一两年的时间。后来，美国的巴顿将军提出一个新设想，他建议可以像预制件建造房屋那样建造码头，需要时只要将准备好的预制件运抵诺曼底，这样很快就可以造出一个大型码头来。因为它的构件主要是用混凝土建造的大船，由一些很重的首尾相连的"箱子"组成，当它沉入海底后，便可以经受得住风浪的冲击。在发起进攻前，用潜艇将各种预制件运到登陆地点，先完成水下部分的建造，登陆时再完成水上部分。

人们由于固有的经验，对这一大胆的想法很难接受，但经过多次实验和研究，觉得这一办法确实可行。后来盟军采用了这一办法，在很短的时间内便建成了一个可供几十万人登陆用的大型码头。

德军没有料到盟军会在诺曼底登陆，被打了个措手不及。而诺曼底登陆的成功，也作为辉煌的战役之一而被载入军事史册。

　　"奇"就是要突破思维固有的惯性，任何事物的矛盾都是可以相互转化的，如果反其道而行之，就会收到意想不到的效果。

　　清朝乾隆年间，京城出了一个专偷皇宫宝物的神偷。他来无影去无踪，在这戒备森严的紫禁城内来去自由，如入无人之境。皇宫内琐事众多，所以一个小偷并没有惊动高高在上的皇上。

　　但是这贼的胆子却越来越大，有一天竟又溜进皇宫，盗走了皇上的传国玉玺。乾隆大怒，下令一定要追捕到贼人，于是京城内外展开地毯式的搜查。谁知第三天，玉玺竟神不知鬼不觉地出现在皇帝的桌子上。

　　乾隆皇帝龙颜大怒："这还了得，明明就是戏弄朕！倘若这贼起了歹心，那朕的人头岂不难保？"于是，便招来众大臣商量对策。

　　各位大臣面面相觑，还是皇帝最为宠爱的大臣和珅率先打破了沉默："启奏陛下，臣有一计，可以捉拿此贼。"

　　"和爱卿请讲。"

　　"首先，加派御林军严守紫禁城；其次，加强宫内防盗机关，严防里应外合；最后，对出入城百姓一律严加盘查，以防赃物外流。这样多管齐下，恶贼定然难逃。"

乾隆大喜，命人依计而行。

不料这贼神通广大，皇宫的宝物还是一件件失窃，就连京城的百姓也被弄得怨声载道。乾隆没有办法，只好又召集群臣商量。他知道刘墉一向足智多谋，于是便问他有没有办法。

只见刘墉不慌不忙地说道："臣的确有一办法。第一，将紫禁城内的御林军通通撤掉；第二，将所有宝库的大锁通通拿掉。第三，再将盛放宝物的箱子全部打开。如此这样，定能手到擒来。"

乾隆大惑不解，但最后还是照办。果不其然，不出10日，盗贼果然抓到。

原来这位神偷所积累30多年的经验告诉他，到达目的地，先要躲开警卫，然后开锁、进屋、拿宝物，再从窗口跳出。可是这次却恰恰相反，没有警戒，没有锁，门大开着，就连宝物也无人看管。他脑子里闪着无数个问号，不知究竟发生了什么状况。他犹豫，但御林军却没有犹豫，只听一声令下，他便被绳子捆了个结结实实。

刘墉之所以能擒住那个贼，就是因为他打破了惯性思维，又利用了那个盗贼的惯性思维，所以才能够抓住盗贼。

　　如果你想成功，就必须学会出奇兵，学会不按常理出牌，只有这样，才可能打破常规，出奇制胜。

跳出思维定式

　　有这样一道智力测试题：有三个人坐在同一个热气球上，由于热气球的燃料不足，需要把一个人扔下去以减轻气球的重量。这三个人都关系到人类的兴亡。其中一个是环保专家，他的研究可以拯救无数因环境污染而身陷绝境的生命。另一个是原子能专家，他可以防止全球性的原子能战争，使人类避免生灵涂炭的发生。还有一个是粮食专家，他可以使不毛之地长出庄稼，拯救处在饥饿中的人们。如果是你，你会选择哪个呢？好吧，现在让我来告诉你这个问题的答案。这就是：把最胖的那个扔出去。你答对了吗？

　　回答这个问题，最关键的就是要跳出固有的思维方式。人的大多数想法都是从既有的知识和经验中来的，这就是思维的惯性。但有时，我们需要从这种惯性思维中跳出来，因为原有的经验往往会成为障碍，只有从中跳出来，才可能有所突破。如果跳不出来，就有可能被思想牢牢地困在那里。

在泰国经常看到这样一种现象，重量达千斤的大象却被一根很细很细的链子拴在树上一动不动。

原来，在大象还很小的时候，就把它用一根铁链拴住。开始小象拼命挣扎，但那根铁链对它来讲太结实了，几番挣扎之后，它不但没有挣断铁链，反而把自己弄伤了。后来，小象慢慢地习惯了，就不再挣扎，它认为自己是没有办法挣断那条铁链的。

当它的体重可以达到1000多斤，只要稍稍用力，就可以获得自由了，但它的脑子里已形成了一种意识，那就是它没有办法挣断那条铁链。困住大象的，不是那条铁链，而是它自己，它不能给自己的思想松绑，所以也就永远失去了自由。

而在商场上，能够掘到金矿的人，也总是那些善于打破思维定式的人，因为当别人都在围着思维转圈的时候，他们已从中跳了出来，抢先一步，占尽先机。

有一个国王，年纪老了，便打算把王位传给儿子。但他一共有两个儿子，每个都很聪明伶俐，且深得众人爱戴，因此老国王感到很为难。后来，他便想了一个办法。

那天，国王把两个王子带到了赛马场。两位王子都善骑射，他便准备以此为考题来考量一下二人的智慧。仆人牵来两匹马，国王让两个儿子各选了一匹。大王子选了一匹白色的，小王子选了一匹赤色的。之后，国王对他们说："这次比赛与以往不同。谁的马最后到达终点，谁就会获得胜利。现在，开始！"两位王子一听，都愣在了那里，以为自己听错了。因为按照往常的惯例，赛马比的是速度，谁的马越快，谁就会取胜。而这次却恰恰相反。后来，还是大王子反应快。只见他抛下自己的马，一下跳上了弟弟的马，然后快马加鞭朝前奔去。弟弟心里还在纳闷，当他反应过来时，哥哥已经跑出去很远了。毫无疑问，王位最后落到了哥哥手里。

一个人如果被固有的思维方式所束缚，很难会有所创新。只有抛弃旧有观点，跳出思维定式，才会取得突破。天下本就没有放之四海而皆准的真理，必须学会变化地去看待事物。如果抱着旧有的思想，只会让我们停步不前，故步自封。

在欧洲一个偏僻的小乡村里，有一个美丽的庄园，里面绿树如荫，群山环绕，还有一条小溪静静地流过。再加上遍地的野花、各种各样的小动物，简直就是一个世外桃源。

但是，有一个问题却让庄园的主人很头疼：每到周末，总会有一些人随意到庄园里采摘鲜花，捡拾草莓。有的甚至还支起帐篷，在这里过夜，结果把美丽的庄园践踏得面目全非。主人曾在门口竖了一块牌子，写上"私人庄园，请勿入内"，并加高了周围的篱笆，但依旧无济于事。后来，还是女主人想了一个办法。她让管家做了一个大牌子放在通往庄园的各个路口，上面醒目地写道：如果在林中被毒蛇咬伤，最近的医院距此20公里，驾车半小时可到。

从那以后，再也没有人踏入过这个庄园。

经验，是积累起来的财富，有时也会成为思想上的一种束缚，这时，我们要勇于从旧有的思维方式中跳出来，这样才会有意想不到的效果。

不断地调整自己

有一个读书人，家里非常穷，连续几次考试落榜后便凑了些钱做生意，没想到又赔了个精光。他非常苦闷，便来到山上向一位老禅师诉起了苦。

老禅师听完他的诉说之后便带他来到一间禅房，禅房里有一张桌子，桌子上放着一杯水。老禅师对这个读书人说："这个杯子已经在这儿放了很久了，几乎每天都有灰尘落在里面，但水却一直很清澈，你知道是什么原因吗？"

读书人想了半天，顿时大悟道："我懂了，所有的灰尘都沉淀到杯底去了。"

禅师点点头："人生如杯中水，浊与清在于自己。"

心情如水，我们希望它是什么形状，它就是什么形状。没有办法改变现实，至少还可以调整自己的心情。

　　有一个女人，她的丈夫是个军人，为了执行任务来到一个很荒凉的沙漠。为了能跟丈夫在一起，她也搬到了那里，但到了之后，才知道那里根本就没有什么浪漫可言。

　　除了漫天的风沙，四处一片荒凉，几乎没有任何的景色，天气也热得让人受不了。每次丈夫不在时，便剩下她一个人孤孤单单地留在家里，她找不到任何人交谈，那里虽然有些土著居民，但他们根本就不会讲英语。风不停地吹着，到处都是沙子！

　　她感到自己实在受不了了，便给父母写了一封信，告诉他们她在这儿一分钟也待不下去了。父母回信了，但只有短短的两行字，而这两行字，却改变了她的命运："两个人从监狱的铁栏里往外看，一个看见的是烂泥，但另一个却看见了满天的星星。"

　　她把信念了又念，感到非常惭愧，于是决定改变生活态度，她要去寻找那满天的星星。她主动与当地的印第安人接触，和他们交上了朋友，她发现这些人原来很淳朴、很善良。当他们知道她对他们的布匹和陶瓷感兴趣时，便主动地将这些东西送给她，要知道这些东西他们是从来不肯卖给观光客的。

她也开始学会去欣赏周围的景致，迷上了仙人掌和丝兰那优美的姿态，更喜欢大漠黄昏里的落日。后来，她把这些经历写成了一本小说，书名就叫作《光明的城堡》。

我们只有学会调整自己，才能在逆境中生存，这是一种智慧，也是一种勇气。

学会适应，学会改变

圣诞前夕，学校准备排练一部叫《圣诞前夜》的话剧，劳拉8岁的女儿安妮也兴致勃勃地去报名。但是，定完角色的那一天，劳拉却发现女儿的脸色不太好看。

原来这部话剧只有4个人物：父亲、母亲、女儿和儿子，另外还有一只小狗，而女儿的角色就是这只小狗。

劳拉想去安慰女儿，但是后来想想算了，她希望这件事情女儿可以自己解决。第一天女儿回来，她发现小家伙居然很高兴，一点儿也没有不开心的样子，回来之后还喋喋不休地跟她讲排练时的趣闻。吃过饭之后，小家伙就把自己关进屋子里演练去了。为了练习，她甚至还给自己买了一副护膝，据说这样她在舞台上爬时，膝盖就不会疼了。劳拉心里感到好笑，仅仅是一只狗，女儿为何会如此认真，要知道那个角色一句台词都没有。

　　演出那天，她早早地坐在台下，等着女儿出场。先出场的是男主角"父亲"，他在正中的摇椅上坐下。接着是"母亲"，她也面对观众而坐，然后"女儿"和"儿子"也出场了，他们围在父母的周围，一家人坐在那里聊天。正在这时，她见自己的女儿出场了，她穿着一套黄色的、毛茸茸的狗道具，手脚并用地爬进场。但劳拉发现这不是简单地爬，女儿先是伸了个懒腰，然后才在壁炉前安顿下来，开始呼呼大睡。一连串动作，惟妙惟肖。观众们也被她吸引了，四周传来轻轻的笑声。

　　父亲开始给孩子们讲《圣经》的故事。他刚说道："圣诞前夜，万籁俱寂，就连老鼠……""小狗"突然从梦中惊醒，机警地四下张望，神情和家犬一模一样。

　　父亲继续讲："突然，一声轻响从屋顶传来……"昏昏欲睡的"小狗"又一次惊醒，好像察觉到异样，两只眼睛望着屋顶。她演得太逼真了，全场人的目光几乎都被这只可爱的小狗吸引住了。接下来，安妮的表演赢得了阵阵热烈的掌声，她虽不是主角，也没有一句台词，却抢了整场的戏。劳拉也为女儿的表演鼓掌，眼睛里闪着泪花。女儿让她明白了一个道理：如果你用主角的态度去演一个配角，那么配角也会成为主角！

世界上的事物都处于不断变化之中，我们必须学会适应、学会改变。这是自然界的生存法则，不遵循这一法则的人，必然会被淘汰，就像几千年前一直统治着地球的恐龙那样，最后只得退出历史的舞台。

改变，通常是从改变我们自身开始的。

1930年初秋的一天，东方刚风云破晓，一个矮个子青年便从位于日本东京一个公园的长凳上爬了起来，洗了洗脸，然后从这里徒步去上班。他在这儿已经待了很长时间，因为两个月前他就因交不起房租被房东赶出了门。

他是一家公司的保险推销员，终日奔波但收入少得可怜，为了省钱，他甚至不吃午餐，不乘电车。

他来到一家寺庙，求见方丈，对方客客气气地请他进去，这让他很是受宠若惊，因为一般人只要一听他是保险公司的便会将他拒之门外。他与住持相对而坐，住持很和蔼，没有一点儿架子，这让他稍稍有了点放心。然后他就滔滔不绝地向住持说起了保险的好处。

　　不愧是佛家之人，定力就是好。住持很耐心地听他讲完，之后，平静地对他说："听完之后，丝毫引不起我投保的兴趣。"年轻人本来兴致很高，听完这句话后，立刻泄了气。

　　老和尚接着说："人与人之间，像这样相对而坐的时候，一定要具备一种强烈吸引对方的魅力，做不到这一点，就没有什么前途可言了。"

　　老和尚的话让这个年轻人感到很震惊，他明白了失败的原因，他明白要想成功，首先就得改变自己。

　　从此以后，他就全力改正自己，他每月都会给自己开一次"批判大会"，请朋友或身边的人告诉他自己的缺点，然后他就针对这些缺点逐一改正。每当改正一个缺点，他就感觉自己得到了完善，他就在这种批评声中不断地成长着、进步着。

　　与此同时，他还总结出了含义不同的39种笑容，并天天对着镜子练习。他的努力终于换来了成功，他的业绩直线上升，荣膺日本之最，并连续15年保持全日本销量第一的好成绩。这个人，就是被称为"世界上最伟大的推销员"的推销大师原一平。

　　记住：只有改变自己，才能改变命运！

学会自立

一个人只有学会自立才有可能成功，否则永远都是一个长不大的孩子。学会自立可以让我们更有信心，也可以让我们活得更有尊严。凡是成大事的人，没有一个不是依靠自己的力量。或许他们有显赫的家世，或许他们有雄厚的资本，但这只能说明他们比别人的条件好，要想到达成功的巅峰，必须依靠自己。

富兰克林是美国著名的科学家，他小时候家境十分贫寒，在他12岁的时候就到哥哥开的小印刷厂去做学徒。他特别爱学习，就连排字也成了他学习的机会。后来，他认识了几个在书店当学徒的小伙计，便经常通过他们借些书看。他天生聪颖，随着阅读量的增加，渐渐地能写一些东西了。

在他15岁的时候，哥哥创办了一份叫《新英格兰新闻》的报纸，上面经常刊登一些文学小品，非常受读者欢迎。小富兰克林也想一试身手，于是，他便用化名写了一些文章，然后趁无人之时放在印刷厂的门口。第二天哥哥来了发现之后，便请些人点评，他们一致认为是极好的文章，有的甚至怀疑这是出自名家之笔。从那之后，富兰克林的文章便经常见诸报端，但一直没有人知道这些文章的真实作者是谁。有一天，哥哥为了弄清真相，便趁夜深人静之时偷偷地藏在印刷厂的门口，他做梦也没有想到，这位名家居然就是自己的小弟弟。

大仲马和小仲马是法国文坛上的两棵奇葩，小仲马的《茶花女》发表之后，有些评论家甚至认为这部作品的价值远远超过了大仲马的代表作《基督山伯爵》。

当时的大仲马已是一个家喻户晓的人物，在法国文坛上具有很高的地位。有一天，他得知小仲马寄出的稿子多次被出版社退回，便对他说："下次你寄稿时，随稿附给编辑一封信，只要告诉他们你是我的儿子，情况就会好多了。"但小仲马很倔强，他没有听从父亲的话，他认为应该依靠自己的力量。为了避免别人猜到他就是大名鼎鼎的大仲马的儿子，他还给自己起了10多个其他姓氏的笔名。

　　他的稿件一次次地被退回，但他没有灰心，仍然执着地追逐着自己的文学梦。后来，他的长篇小说《茶花女》寄出后，终于以其巧妙的构思和精彩的文笔得到了一位资深编辑的青睐。这位编辑与大仲马有过多年的书信来往，当他发现作者与大仲马的地址一模一样时，开始还以为这是大仲马另取的笔名，但他很快就发现这部小说的风格与大仲马的完全不同。于是，他怀着极大的好奇心，乘车来到了信中所写的地址。当他得知原来书稿的作者就是大仲马的儿子小仲马时，便问他为何不用真名，小仲马回答说："我只想拥有真实的知名度。"这位编辑对小仲马的这种做法赞叹不已，而小仲马也凭自己的实力登上了法国文坛的最高峰。

　　越是这样的人，越懂得自食其力的重要性，否则，他们也不会被称之为"伟人"了。

　　但是生活中，我们大多数的人却喜欢怨天尤人，自己没有成功，不是怪自己不努力，而是说自己命不好。而别人成功呢则是上天对他的厚爱。其实，命运是掌握在自己手中的，又有什么必要去怨天尤人呢？

有一个读书人，非常苦闷，便来到寺庙向一位高僧诉苦。他告诉高僧自己总是背运，几次考试都名落孙山，家里仅有的一点儿财产也被小偷偷去，而父母也因病离他而去，如今，孤孤单单只剩一个人，感叹自己命运不济，恨苍天对他不公。

高僧微笑："把手拿过来，我替你看一看手相。"读书人很听话地把手伸了过去。老和尚拿着他的手像模像样地给他分析起来。读书人聚精会神地听着，说完之后，老和尚让读书人把手合起来，而且越合越紧。

"那三条线现在哪里？"老和尚突然问。

"我手里呀！"读书人机械地回答着。

"那命运呢？"读书人惊讶地张大了嘴巴，恍然大悟。

命运在我们自己手中，所以我们更应该学会自立。否则，只会任人摆布。

人，首先要学会自立，只有学会自立，才能活出人的尊严。经常看到有些人，逢人便讲，自己的后台有多么厉害，看到他们喜形于色的样子，我不仅替他们感到悲哀。别人再好，但那只是别人的，那不是你的，有什么必要去洋洋自得？

毕竟，一个人只有靠自己的本事，才能赢得别人的尊重。虽然有句俗话，叫作"背靠大树好乘凉"，但是，树总有老去的时候，也有被人砍伐的时候，更有遭遇天灾的时候，到那时，恐怕就是"树倒猢狲散了。"

活出你的个性

人活着，就要有个性，一个活出个性的人，才有尊严，才能自立而不是成为别人的傀儡。

兔子得到了一块地，种什么好呢？自己最爱吃胡萝卜了，就种胡萝卜好了。于是便撒下了种子。

不几天，种子发芽了，绿油油的，很是可爱。兔子看着，满心欢喜，心想到秋天就可以收好多胡萝卜了。这时，一只山羊走过来，看到兔子一个人在那儿傻乐，便问它为什么这么高兴。兔子把自己的想法告诉了它。山羊一听，吃惊地说："你为什么要种胡萝卜呢？胡萝卜哪有青草好吃啊？青草嫩嫩的，营养也很丰富，我们全家人都很喜欢吃。"兔子一听，信以为真，第二天便起了个大早，把刚长出的幼苗通通拔掉，撒上了草种。小草慢慢地长高了，兔子又打着自己的如意算盘：今年冬天，就不用为粮食发愁了，可以美美地躲在窝里，过个舒舒服服的冬天。正在这时，小猴子来串门，看到满地的青草，很是奇怪。兔子又跟它解释。小猴子一听，生气地说："啥年代了，还吃青草，这生活也太寒酸了吧！我们家早就吃上桃子了。桃子比青草好吃多了！"兔子一听猴子说得这么肯定，脸红红的，心想自己真是太落后了，不行，这样非让人家笑话不可，咱也得种桃子。于是，又把小草清理出去，种上了桃子。过了好久，桃子总算发芽了，小兔子看着那些刚出土的小苗，又高兴起来。这时，一只老兔子从这儿经过，看见这些嫩芽，便问它种的是什么。兔子兴冲冲地说："桃子呀，咱们也别吃胡萝卜了，那太寒酸了，该换换口味了吧！"老兔子一听，苦笑着说："我们兔子一向就是爱吃胡萝卜的，每个人都有自己的口味，你怎么老是听别人的呢？"小兔子一听，伤心地哭了起来。原来自己忙了半天，全都白忙了，现在想再种胡萝卜也来不及了，已经错过了时节，于是便大哭起来。

　　做人，就要有主见，不要人云亦云，每个人都有自己的世界观和出发点，适合他的未必就适合你，我们是活给自己的，不应该生活在别人的影子里。

　　大多数人都有"跟风"的恶习，总觉得跟着人家做准没错。但人与人的需求是不同的，一味地跟随别人就会忘记自己、迷失自己。

好习惯成就人生

习惯是一个人下意识的行为，所以一个人的习惯往往反映了他自身的素质，一个高素质的人总会受到别人的青睐，所以要时刻注意自己的言行。叶圣陶先生说过："心里知道该怎样，未必就能养成好习惯；必须练习怎样做，才可以养成好习惯。"所以，好习惯是培养出来的。生活中要时刻提醒自己养成一个良好的习惯，有时一个小小的习惯就可以改变一生。

福特大学毕业时，到一家公司应聘，这家公司实力很雄厚，在所有的应聘者中，也就数他的学历低，因此，他非常没有自信。

前几个应聘者从董事长办公室出来，一个个胸有成竹的样子。接下来轮到他了，当他推门而入的时候，发现地上有一张纸，很自然的，他弯腰将纸捡了起来，见是一张废纸，便顺手扔进了纸篓里。他刚说了一句："我是来应聘的福特。"董事长就表示他已经被公司录用了。原来就是这一个小小的动作让福特得到了这份工作。后来，福特开始了他的辉煌之旅，直到后来将公司改为自己的名字并使其名扬天下，不仅使美国的汽车产业在世界独占鳌头而且还改变了整个美国的国民经济状况。

另一个例子是关于苏联宇航员加加林的。加加林是世界上第一个进入太空的宇航员。40年前，他乘坐"东方"号宇宙飞船进入太空遨游了108分钟。他之所以能在20多名宇航员中脱颖而出，是一个良好的习惯成就了他。在确定人选时，20个候选人实力相当。主设计师发现，只有加加林一人脱了鞋进入机舱。主设计师看到有人对他付出心血和汗水的飞船这么爱护，当时是多么感动啊，当即就决定让加加林试飞。

不要小看细节，一个下意识的动作往往出自习惯。好习惯有时真的可以改变一生的命运！

培养良好的习惯

　　良好的行为习惯，可以从一个人的一举一动上反映出来。生活中那些看似不起眼的小习惯在某些时候却成为决定我们命运的关键。

　　思想决定行动。一个人的想法也多半取决于他的动机。马基雅维里曾经说过："如果没有习惯做保证，天性的力量和语言的装饰都是靠不住的。"习惯，是经常性的动作，它往往是下意识的，不经过大脑而直接做出反应。

　　培根说过："习惯是人生的主宰。"的确如此。良好的习惯，对个人的成长和发展有着极大的好处。不良的习惯，则像一个个黑洞，最终将我们吞噬。

　　古今中外，许多成功人士之所以可以创下令人难以企及的业绩，并非他的智商过人，而是因为他本身具有许多良好的习惯，而这，便成为他们攀登成功之巅的助推器。

美国总统罗斯福曾经说过："只有通过实践锻炼，人们才能够真正获得自制力。也只有依靠惯性和反复的自我控制训练，我们的神经才有可能得到完全的控制。从反复努力和反复训练意志的角度上而言，自制力的培养在很大程度上就是一种习惯的形成。"正是因为形成了良好的生活习惯，所以罗斯福才成为美国历史上一位著名的总统。

我们必须严格要求自己，努力培养好的习惯，杜绝坏习惯。不要小看一个微小的动作，它所产生的后果却可能是严重的。

良好习惯的培养，可以在生活的每一个方面。以下就是三种良好的生活习惯：

早睡早起。从小，我们的父母就教育我们要"早睡早起"，因为这样对我们的身体有好处。当然，这里面的确有一定的科学依据。首先，早上的空气比较清新，比较适宜人们进行体育锻炼；其次，经过一夜的休整，此时我们的身体处于最好的状态，工作起来也最有效率，所以可以提前做一下工作计划。

早早开始工作，会给我们的思想及言行注入令人振奋的力量。它可以让我们的精神更加充沛，信心进一步增强。相反，喜欢睡懒觉的人久而久之就会养成一种懒散的习惯，而这种习惯也会被带到生活以及工作之中，从而对其个人发展带来不利的影响。

所以，如果你现在正有睡懒觉的习惯，就赶紧改掉。早睡早起不仅可以让自己有一个好身体，还会对我们的事业发展有利。

勤奋好学。观察一下成功人士，你可能会发现这样一个现象：或许他们的学历并不高，但都有很强的学习能力。

你可以鄙视一切，唯独不可以鄙视知识。李嘉诚说过："不会学习的人不会成功。打开成功之门的唯一一把钥匙，就是智慧。"

当今社会，知识的更新速度是惊人的。昨天的知识，今天可能就已过时。所以，如果你想让自己始终处于一种领先地位，就一定要学会学习。拥有高学历并不等于进了保险箱。只有如饥似渴地吸收新的知识，你才会成功。

珍惜时间。富兰克林说过："时间就是金钱。"可能这个说法有些偏颇，但是它也的确告诉我们一个道理，那就是学会珍惜时间。

中国有句古话："一寸光阴一寸金，寸金难买寸光阴。"也是教导我们要认识到时间的宝贵。在当今社会，时间所承载的意义或许变得越来越重。一分之差，可能你就会失去一个很重要的机会，一笔很大的生意，还有一份很重要的信任。于是，它甚至可以承载生命的重负。拿破仑的军队就是因为几分钟的差距而最终导致全军覆没。

有一位功成名就的人士在向其他人传授自己成功的秘诀时说过这样一句话："因为每一件事情，我都按时去做。"从一个人对时间的利用上，你就可以看出这个人的成功潜质。

我们只有懂得时间的宝贵，才能学会更加合理、更加科学地利用时间。当你学会管理时间的时候，你的工作也会变得越来越有效率，你的成就也会越来越高，你离成功的巅峰，也会越来越近。

当然，良好习惯的养成不是一朝一夕的事情，而坏习惯的根除也需要一个很长的过程。但是，只要有恒心、有毅力，你就一定可以克服种种陋习，建立起良好的习惯。而你的人生，也会在对自己的一步步完善中而变得更加完美起来。

第四章

不是生活不美，是你心态不好

心态决定人生

　　态度就像一块磁铁，不论我们的思想是正面或负面，都要受它的牵引。全美国最受尊崇的心理学家威廉·詹姆斯曾说过："我们的时代成就了一个最伟大的发现：人类可以借着改变他们的态度，进而改变自己的人生！"

　　面对生活，你所采取的态度是什么？有的人自怨自艾，有的人却满怀希望；有的人身在福中不知福，有的人却可以在苦难中寻找自己的乐趣。

　　哈佛大学做的一项调研发现：人生中85%的成功都归于态度，15%则归于能力。研究人类行为的专家都认为：一切成功的起点，是培养一个好的态度。

　　有一个大家耳熟能详的故事。两个卖鞋的人一起去非洲开发一个新市场，第一个业务员的反应是：很遗憾，这儿没一个人穿鞋，他们都光着脚。但第二个业务员刚一到达目的地就高兴地跳了起来："太好了，这儿所有的人都没有鞋穿，所以有很大的市场开发潜力。"第一个人空手而归，第二个人却拿到了一笔大订单。

同样的情况，不同的心态；不同的心态，不同的结果。

积极心态是一种对任何人、情况或环境所持的正确、诚恳而且具有建设性的态度。积极心态允许你扩展希望并克服所有消极思想。它给你实现欲望的精神力量、感情和信心，积极心态是迈向成功不可或缺的要素。

如果你认为所有的事情都很糟，就不可能用正常的心态去对待，态度就会消极，而消极的态度也会反映在行动上，让你尝到失败的滋味。如果把思想引导到奋发向上的念头上去，就会打开一条积极的思路，于是行动也就变得积极起来。

美国作家兼演说家海利提供的一份资料表明：美国合法移民中成为百万富翁的概率是土生土长美国人的4倍。而且不管黑人白人或其他种族的人，不论男女，全无例外。原因就是他们在面对困难时所采取的态度更积极。

当这些移民初来到美国的时候，眼前的一切着实令他们难以置信，大部分情况下，他们所见到的是无法想象的美丽、豪华与遍地的机会。他们以积极的心态面对一切。他们惊讶地看到报纸上数不清的求才广告，然后马不停蹄地四处应征。移民在美国的最低薪资和其他国家比起来，已是最高薪资，他们在生活上力求简单便宜，若有需要，还会找两份工作，他们做起事来格外勤奋，所有的钱都存下来。几乎每个人都衷心感谢美国及它所提供的机会。正是这种心态让他们在面对困难时更加坚强，让他们在遇到挫折时更加乐观，所以成功的概率也就大大增加了。

消极的心态则恰恰相反，它使人看不到希望，进而激发不出动力，甚至还会摧毁人们的信心，使希望破灭。消极心态如同慢性毒药，吃了这药的人会慢慢变得消沉，失去动力，而成功就会离消极心态的人越来越远。

1952年，世界著名游泳好手弗洛伦丝·查威克尔从卡德林那岛游向加利福尼亚海滩。两年前，她曾经横渡英吉利海峡，现在她想再创一项纪录。

这天，当她游近加利福尼亚海岸时，嘴唇已经冻得发紫，全身一阵阵地颤抖。她已在海水里泡了好几个小时。远方，雾气茫茫，使她难以辨认伴随着她的小艇。

　　查威克尔感到难以坚持，便向小艇上的人求救。艇上的人劝她不要向失败低头，再坚持一会儿，她会成功的。但浓雾使她看不清海岸，冰冷的海水也让她难以忍受。她再三请求，于是他们把她拉上了小艇。后来，她才知道，其实当时她离岸边只有一英里远，只要她稍稍坚持就能成功，但她的怀疑和恐惧使她与成功失之交臂。

　　在生活中，我们必须树立积极的心态，它可以让我们在面对困难时更加从容。有太多的人尝到了失败的滋味，就是因为有太多的人没有调整好自己的心态，让自己生活在怀疑、自卑、犹豫和恐惧的泥沼里。

　　有一个学生为了赚取生活费，单独照顾一位老妇人。这位老人天天失眠，每晚都要服一粒安眠药才能入睡。有一天晚上，这位老人跑来敲学生的门，问他有没有安眠药，因为自己的吃光了。

　　这个学生没有安眠药，但他还是回答道："我有，放在楼下，请您稍等一下，我马上下去取。"然后，他飞快地跑到楼下，到厨房里取了一粒大青豆。

他知道老人视力不好，难以辨认，于是回到楼上说："这是一颗大号的药丸，治疗失眠效果很好，你服用一次就知道了。"

老人信以为真，把它吞了下去，结果一晚上都睡得很好。从那以后，这位学生就用这种办法治好了老妇人的失眠症。

一种思想进入一个人的心中，就会盘踞成长。如果那是一粒消极的种子，就会结出消极的果实；如果是一粒积极的种子，就会结出积极的果实。如果想让自己的生活中永远充满阳光，就请树立起良好的心态来吧！

积极心态的修炼

有时候，积极思想之所以无效，最重要的一点是没有真正去实行这一原则。积极思想需要不断训练、学习，你必须乐意主动去实行，有时候要经过一段时间后才能见效。

当一个人具有积极的心态时，无论遇到多大的困难，都有勇气去克服。这些逆境不但不会阻碍他，还会激发出他体内的斗志，让他变得越来越强大。一个人的思想决定一个人的行动，所以健康的思想对一个人的发展是有很大好处的。

查理出身贫寒，高中毕业后就离开了家，一个人跑到纽约闯荡。在这儿，他结实了许多"边缘人物"，偷渡者、走私犯、盗贼等。他学会了赌博，经常输个精光，而且还因走私麻醉药品被判了刑。

开始的时候，他在狱中很不安分，经常威胁说要越狱。但后来一个偶然的机会让他转变了态度，他变得乐观起来，而狱中生活也向着更有利于他的方向转变。

他不再好斗，不再处处与狱官为敌。他的行为由于态度的转变而有所不同，因而博得了狱官的好感。

后来，一家公司的经理因被控犯了逃税罪而入了狱。查理对他一直很好。而这位经理也十分感激查理对他的友谊和帮助。在出狱时，他对查理说："你对我十分友好，出狱后请来公司找我，我将给你安排一份工作。"

查理获释后，就来到了这位经理的公司。这位经理如约给查理安排了工作，并在逝世时把整个公司交给了他，查理成了这家公司的董事长。

从这里可以看出乐观心态的重要性，哪怕处于一个不利的环境中，它也可以让我们以更加积极的态度去对待生活，让生活充满阳光。

亚伯拉罕·林肯说过："人下决心想要愉快到什么程度，他大体上也就愉快到什么程度。你能够决定自己头脑中想些什么。你能控制自己的思想。"

积极的思想只有在你相信它的情况下才会发生作用，你必

须将信心与思想结合起来。很多人发现积极思想无效，原因之
一就是他们信心不够。因为不相信自己、怀疑自己，而不停地
给自己泼冷水，结果让热情、信心、希望全部消失，使我们在
面对困难时更倾向于逃避，使消极思想占据头脑。

消极思想对于我们的个人发展来说，其危害是巨大的。它会
让我们在不知不觉中失去斗志，让我们在面对困难时选择妥协，
在生活中也显得更加无力。如果你想获得成功，就一定把这种思
想从头脑中消除，只有这样，自身才会得到健康的发展。

生活中，一般表现出来的消极心态主要有以下8种类型：

（1）愤世嫉俗，对社会，对周围的人存在着敌视的态度。

（2）没有目标，寻找不到生活的方向，浑浑噩噩。

（3）自制能力差，没有恒心，遇到困难容易退缩。

（4）贪婪吝啬，挥霍无度，对金钱有着强烈的占有欲。

（5）自我认识出现偏差，自高自大，目中无人。

（6）不讲信用，虚伪狡诈。

（7）自轻自贱，陷入自卑不能自拔。

（8）不脚踏实地，陷入空想，希望不劳而获。

我们必须及时地清理掉这些思想上的垃圾，努力建立积极
的心态，否则会对发展带来极大的不利。因为它会让我们看到

情况最坏的一面，想到最糟糕的地方，从而停步不前。

那么如何才能清除掉这些消极的思想，让自己建立起积极的心态呢？

首先，要学会转移注意力。当我们头脑中出现不良的思想时，要赶紧做一些其他的事情，然后让自己忘掉目前的状况，比如，从事一些体育运动或和朋友聊聊天儿。总之，当不良思想出现时，就立刻将它消灭在萌芽状态中。

其次，多想一想自己身上的优点、特长，这样可以提高自信心，而自信心是消极思想的最大杀手。当然这并不是让大家盲目自大，那样也不是一种健康的心理状态，那会让我们不切合实际而脱离自身的能力，最后也只能导致失败。我们所说的是要正确地认识自己，对自己进行充分地肯定，让自己正确地面对挫折。

最后，不要常去回想那些令自己感到沮丧和泄气的往事，这对改变现状没有任何作用。多谈论一些快乐的事情，培养快乐的思维，这样便会产生积极的行动和情绪，才能以更好的心态去面对困难。

莫让自己打败自己

　　研究自我形象素有心得的麦斯维尔·马尔兹医生曾说过，世界上至少有95%的人都有自卑感。为什么呢？有句话叫作"金无足赤，人无完人"，也就是说我们每个人都不是完美的，都有自己的缺陷。这种缺陷在别人看来也许无足轻重，却被我们自己的意象放大，而且越是优点多的人，越是我们觉得完美的人，他们对自身的缺点看得越严重。另外一点就是，我们经常拿自己的短处来比较别人的长处。其实优点和缺点并不是那么绝对的，就像自卑，具有自卑性格的人通常也比较内向，但内向也有内向的好处。内向的人，听的比说得多，易于积累。敏感的神经易于观察，长期的静思使得他们情感细腻，内敛的锋芒全部蕴藏为深厚的内秀心智，而温和的性情又让他们可以更容易地亲近别人。所以从某种意义上说，缺点也是可以转化为优点，就看你自己怎么去看待。其实，从某种意义上说，缺陷也是一种美。就像"断臂"维纳斯，虽然失去了双臂，却从严重的缺陷中获得了一种神秘的美。

我们应该首先从心理上认识到世上完美的事物。大海还有涨潮和退潮，月亮还有阴晴和圆缺，又更何况人类呢？就在这种不完美的状态下，我们寻找着欢乐，向不完美发出挑战，在力所能及的范围内做得更好一些，以接近完美。

卢梭说过："种种优劣品质，构成了生命的整体。"正是因为我们都不完美，所以才有了发展的空间。人的一生，就是同自己的一场战斗，不停地挑战自己、改善自己、完善自己，所以，人生才变得有意义。

美国总统罗斯福小时候是一个非常胆小的男孩，脸上总是显露着一种惊恐的表情，甚至背课文也会双腿发抖。但这些缺点没有将他打垮，反而让他更加努力地改进自己。他从来不把自己当作不健全的人看待，他像其他强壮的孩子一样做游戏、骑马或从事一些激烈的运动。他也像其他的孩子一样以勇敢的态度去对待困难。在未进大学之前，他已经通过系统的运动和生活锻炼，将健康和精力恢复得很好了。他努力地改进自己，

以至于晚年，已很少有人能够意识到他以前的缺陷，他也因此
而成为最受美国人民爱戴的总统之一。

要想成功，我们首先要做的就是战胜恐惧。一个人的心中
少了"害怕"这两个字，许多事情会好办得多。

玛丽亚·艾伦娜·伊万尼斯是拉丁美洲的一位女销售员，她
在20世纪90年代被《公司》杂志评为"最伟大的销售员"之一。
在当时女性地位还比较低的时代，她是怎样做到这一点的呢？

她曾在三个星期中旋风般地穿行于厄瓜多尔、智利、秘
鲁和阿根廷，她不断地游说于各个政府和各个公司之间，让它
们购买自己的产品。而在1991年，她仅仅带了一份产品目录和
一张地图就乘飞机到达非洲肯尼亚首都内罗华，开始她的非洲
冒险。她经常对别人说："如果别人告诉你，那是不可能做到
的，你一定要注意，也许这是你脱颖而出的机会。"所以她总
会挑战那些让人望而却步的工作，而这种毫不畏惧的精神，也
让她成为南美和非洲电脑生意当之无愧的女王。

忘却"恐惧"，可以给我们破釜沉舟的勇气。当年的项

羽，就是用这种办法激发了三军将士的勇气，在与强大的敌军较量时取得了胜利，并成就了"楚兵冠诸侯"的英名。无独有偶，西班牙殖民者科尔在征服墨西哥时也用了同一战略。他刚一登陆就下令烧毁全部船只，只留下一条船，结果士兵在毫无退路的情况下战胜了数倍于自己的强敌。

　　有时，我们需要的就是那么一种勇气。面对任何困难都不逃避，就算遇到再大的困难也不说放弃。

　　当你静下心来，检查自己失败的原因时，可能会有一个惊人的发现，那就是战胜自己的并非困难，而是存在于内心的恐惧。每当遇到困难，耳边总会有一个声音对我们说："放弃吧，那根本就是不可能的事。"于是，在这个声音面前，我们内心的勇气一点点消退，我们的信心一点点丧失。人的潜能是无限的，它足可以使我们创造出所有的人间奇迹。而大多数人之所以没有办法将自己体内潜藏的能量激发出来，就是因为怀疑和恐惧动摇了他们的信心，以至于阻碍了潜能爆发的道路。当你试着抛却恐惧、树立信心、拿出勇气之时，或许你会取得连自己都感惊讶的成绩。

　　怎样才能让自己更加有勇气呢？

　　首先，你必须从心理上承认自己，接受自己。你要从心里告诉自己"我能行"，然后你也就真的能够做到。这就是心理暗示的重大作用。

　　美国哈佛大学的一位教授曾经就心理暗示对人的影响做过一项实验。他把100名受测的学生平均分成A、B两组，然后分配给各组一些胶囊，他告诉给A组的这些胶囊为兴奋剂，给B组的为镇静剂，但实际上他把这两组胶囊里的粉剂调了包而没有让受测者知道。结果A组的受测者服完这些药后居然很兴奋，而B组的则很冷静。由此可以看出，心理暗示作用能够压制住服用药物后的化学反应。

　　心理暗示的作用是很大的。一遍遍地告诉自己"我能行"，大脑便会接受这种意识从而做出积极的反应。如果从心里否定自己，那么大脑也会接受这种意识从而做出消极的反应。在前进的道路上总会遇到各种各样的挫折，这就要求我们必须用一个良好的心态去面对。在困难和问题面前，不要轻言放弃，不要因为一句"我不行"就与成功失之交臂。

　　其次，以正确的心态来面对失败。失败是每个人都会遇到的事，没有人可以避免。有时可能是由于我们自身的原因，有时可能出于客观因素。对此，我们应该用一种正确的心理来看待。不能因为一两次的失败就完全否定自己。如果你连承受失败的能力都没有，那么也绝对不会成就多么辉煌的业绩。因为失败是通向成功的阶梯，如果你总是将它拒之门外，那么成功也就与你擦肩而过了。当然，我们也不能对其持一种漠视的态度，那样只会让我们多次重复同一个错误。正确的做法应是，找出失败的原因，并寻找解决的办法。能够接受失败，本身就是一种勇气。当你学会面对失败时，你也就会平添许多的勇气了。

　　成功者，往往都是擅于挑战自己的。自己，往往是最可怕的敌人。战胜敌人的人，我们称之为英雄；而战胜自己的人，就可以成为圣人了。让我们勇敢地挑战自己、超越自己。当你真正做到这一点时，成功也就近在眼前了。

永远自信

列宁说过："自信是走向成功的第一步。"信心一旦与思考结合，就能激发人体内所蕴藏的无限的能量，激励人们表现出无限的智慧和力量。美国旅馆大王、世界级巨富威尔逊的经历可以给我们一些启示。

威尔逊在创业之初，身无分文，全部家当就是一台分期付款赊来的爆米花机。第二次世界大战之后，他做生意赚了点钱，决定做地皮生意。当时在美国从事这一行业的人并不多，因为战后人们都比较穷，买地皮修房子、建商店、盖厂房的人都比较少，所以地皮的价格也就非常的低。当朋友们得知威尔逊这一决定时，都纷纷劝他改变主意。但威尔逊相信自己的眼光。他认为尽管连年的战争使美国经济很不景气，但美国是战胜国，所以很快会从战争的创伤中恢复过来。到时由于修建厂房和房屋，一定会大面积用地，地皮的价格一定会暴涨。于是，他便用手中所有的资金和一部分贷款在市郊买下了很大一块荒地。

后来的事实的确如威尔逊所料。战后不久，经济复苏，城市人口由于增多，不得不向郊区扩展，马路一直修到威尔逊买的土地边上。这时，人们才惊喜地发现，这里的土地风景怡人，是夏日避暑的好地方，于是，纷纷出高价购买。但威尔逊却有自己的打算，他在这片土地上盖起了一座汽车旅馆，命名为"假日旅馆"。由于这里风光怡人，交通便利，所以游客很多，生意兴隆，而他的生意也越做越大，他的旅馆也逐步遍布世界各地。

信心，让我们有勇气去面对生活的苦难；信心，让我们有勇气去改变自己的人生。没有信心，就会失去生存的勇气；充满信心，就会开创属于自己的奇迹。

史泰龙的父亲是一个赌徒，母亲则是一个酒鬼。当父亲在赌场上失意或者母亲在酒后耍酒疯时，就会对他拳打脚踢。在这样的环境中长大的史泰龙心理受到极大的伤害，高中辍学后就在街头当混混。

　　在他20岁的时候，一件偶然的事刺激了他，他决定要改变生活的态度，因为他不希望自己也像父母那样生活。经过一番慎重地思索，他决定当个演员。下定决心之后，他开始了自己艰难的追梦过程。

　　他来到了好莱坞，找导演、找明星、找制片……找一切有可能帮助他的人，苦苦地哀求他们："给我一次机会吧，我要当演员，我一定能够成功的！"但是，没有人相信他，他得到的答案几乎都是一个字："不"。后来，他身上的钱用光了，便在好莱坞做些粗重的零活以维持生计。两年来，他遭受了1000多次拒绝。史泰龙并没有灰心，虽被人一次次拒绝，受到人们一次次嘲笑，但他从没有想过要放弃。他心里有一个信念，那就是"我一定能行"，就是这种信念一直激励着他。

　　这种方法不行，史泰龙便用"迂回前进"的办法，他开始自己写剧本。两年多来的耳濡目染，让他学到了好多东西，所以他已具备了写剧本的基本素质。一年之后，剧本写出来了，他又遍访各个导演，"这个剧本怎么样，让我当男主角吧！"

普遍的反应却是，剧本还可以，让他当男主角，简直是个天大的玩笑。他再次遭到拒绝。

　　但是，信心一直支持着他。可能是他的诚心感动了上帝，一个曾经拒绝过他20多次的导演被他的精神所感动，答应给他一个机会。史泰龙抓住了这个来之不易的机会，全身心地投入、不敢有丝毫懈怠。结果不言而喻，他成功了。他的第一部电视剧创下了当时全美的最高收视纪录。

　　许多人认为信心是天生的，是不变的，其实并非如此。信心是可以培养的，通过后天有意识地培养，可以让自己树立信心。

　　那么我们该如何培养自信呢？

　　第一，把长远的目标分解成若干个小目标。目标有长期目标和短期目标之分，如果你只制订了一个长期目标而没有制订短期目标的话，往往就会因目标太难达成而主动放弃。因此，我们要学会把目标分解，将远大目标分解成几个具体的小目标。每当完成一个小目标，也就相当于朝着胜利迈进了一步，而你的信心也会在这个过程中一步步得到增强。

　　制定目标时一定要用具体而清晰的语言，切忌目标太过模糊，例如，"我要成功"这个目标就过于笼统。应该具体到你要成为什么样的人，例如，海军司令、首席执行官等。此外，还要给每一个目标做一个具体的时间规定，否则，它很可能就会在你的一再拖延中枯萎了。

第二，克服焦虑的情绪。焦虑破坏自信，因此你要像躲避瘟疫一样躲避它。

总会有很多的人，感到莫名其妙的忧虑、烦恼。但若追问其原因，他们却讲不出来。事实是，他们在为担忧而担忧，或者为有可能发生但实际并没有发生的事而担忧。如果这种情绪一直困扰着你，就算你并未真的感到忧虑，但也会时时生活中担心之中。

如果你的头脑里也有了这种想法，那就把它们抛在脑后吧。因为除了浪费我们的精力之外，它不会对我们解决困难有任何帮助。另外，它还会严重破坏我们的自信。

驱除焦虑最好的办法就是对其不予理会。因为如果你总是惦记着它，它就会像绳索一样紧紧纠缠住你的心灵。所以，学会抛开它们，及时转换自己的注意力。开始可能会很难，但慢慢地，你就会形成习惯。克服焦虑，不但可以让自己有一个好心情，还会让自己变得越来越有自信。

第三，忽略你所遇到的困难。人类是充满智慧的，这一向都是我们引以为傲的地方。但有时，偏偏就是智慧成为束缚我们的一道枷锁。因为在我们做事之前，总会把困难分析得过于清晰、透彻。在这些困难面前，我们渐渐失去了信心，低下了头。但事实上，人体内所潜藏的能量是无限的，我们完全有能力去克服所遇到的一切困难。当你真的有勇气面对困难时，它也就不再是困难了。真正的困难只存在于我们的头脑之中。所谓的"船到桥头自然直"，是有一定科学道理的。所以，不要把困难想象得过于强大。当它在你的头脑中淡化时，也就不会对你形成阻碍了。

第四，克服自卑。几乎每个人都有不同程度的自卑感，这是我们的一种心理情绪，没有办法彻底根除。自卑是对自我的一种消极评价或认识，即个人认为自己在某些方面不如他人而产生的一种消极情绪。这种情绪对我们自身的发展极为不利，它会让我们自惭形秽，让我们在困难面前丧失信心和勇气，从而阻碍我们聪明才智的创造与发挥。

要想克服这种情绪，首先要弄清产生它的根源。是因为自身的认识、心理出现了偏差，还是因为自身所固有的某种缺陷。只有弄清了病因，才可以对症下药。可以请我们身边的一些人来帮助我们，例如，家人或朋友，他们会帮助我们克服心

理上的障碍，也会给我们许多的自信。当你将自卑完全从心里
驱逐出去时，自信也就接踵而至了。

志当存高远

"志当存高远"是一句千古流传的名言。志存高远，就会自我激励、奋发向上、有所成就；志向远大，才能克服眼前的困难和自身的弱点，去实现宏伟的志愿。

有一个年轻人，是哈佛毕业的高才生。当时，他想进入维斯卡公司，这家公司是当时美国最为有名的机械制造公司，不仅待偶优厚，而且还有着令人羡慕的地位。但是，同大多数面试者一样，他遭到了淘汰。年轻人并没有气馁，反而被激发出了更大的勇气。他告诉自己不惜一切代价，一定要进入这家公司。

面试不行，他便想了一个迂回前进的办法。他找到了这家公司人力资源部的经理，提出为该公司无偿提供服务，不收取任何报酬。他的行为令人力资源部经理感到不可思议。但是在青年人的一再要求下，他还是答应了下来，派他去打扫车间。

当然，开始生活是非常艰苦的，不但工作很劳累，还得不到任何报酬。为了维持生计，年轻人不得不利用晚上的时间找其他工作来做，这无疑又加重了他的体力负担。但是，年轻人并没有放弃，他利用清洁工人可以自由走动的便利细心观察公司各个部门的生产情况，并对所存在的问题进行了一一的记录。就这样，白天工作，晚上搞设计，他花费了一年的时间来研究并解决这些问题。

后来一段时间，由于质量问题，公司的订单被纷纷退回，从而给企业造成了巨大损失。为了挽回局势，管理层召开会议商讨解决的方案。就在大家都感束手无策之时，一个年轻人突然闯了进来，对公司生产过程中所存在的问题进行了精辟地分析，并提出了一系列的解决方案。这些方案不仅保持了原机械的优点，同时又克服了出现的弊端。年轻人的勇气以及独特的见解令所有人都感到惊奇。总经理见这个年轻人如此在行，便询问了他的背景和身份，之后，经过一致同意，聘请他为公司生产技术部门的副总经理。就这样，年轻人达到了自己的目的，实现了自己的梦想。

自古以来，凡成大事者，无不是以高远之志，以勤为径、以苦作舟去实现自己的理想和抱负的。他们有远见，但并非白日做梦；他们有梦想，但并不脱离实际。他们以自己的全部精力和智慧追逐着心中的希望，以极大的毅力克服着前进途中遇到的一切障碍，因为心中有梦！

作家乔治·巴纳说："远见是在心中浮现出来的将来的事物可能或者应该是什么样子的图画。"现在的生活往往就是若干年前头脑中的一个模糊影像。所以，有什么样的目标，就会有什么样的生活。

戴尔在高中时就被电脑迷住了，他的心中一直有一个梦想：要成为像比尔·盖茨那样的人，要开一家属于自己的公司。但是父母希望他成为医生。后来，他按照父母的意愿考入了一所大学的医学专业，但他只对电脑感兴趣。在第一学期，他就买来一台降价处理的电脑，将其改装后再出售给同学。后来，由于他组装的电脑性能优良且价格便宜，不仅吸引了不少学生，连校外的人也纷纷前来购买。

第一学期将要结束时，他告诉父母自己要退学创办公司。

但是父母认为他的想法很疯狂，不同意，只允许他利用假期的时间销售电脑，并且对他说若销售不好就必须放弃电脑。戴尔仅仅用了一个月的时间就完成了他们所制定的销售额。父母没有办法，只得同意他退学。

于是，戴尔实现了自己的梦想，他组建了自己的公司，打出了自己的品牌，并在公司成立的第二年就发行了股票。在他23岁那年，他已拥有1800万美元的资金。10年后，他创下了类似于比尔·盖茨的神话，拥有资产达43亿美元。比尔·盖茨曾经亲自飞赴他的住所向他表示祝贺。

拿破仑说过："不想当元帅的士兵不是一个好士兵。"高尔基也说过："目标越高远，人的进步越大。"一个人，只有拥有远大的目标才能燃起极大的热情。同时，有了远大的目标，人生会得到极大的发展。卓越的人生，是梦想的产物。一个梦想大的人，即使实际没有达到最终目标，但他实际达到的目标也会比梦想小的人的最终目标要大，成绩也比没有目标的人突出。

历史上所有有成就的人从小就有一个远大的志向，正是这种志向激励着他们一步步地走向辉煌。但是，我们所说的远大志向并不是不顾眼前的实际，脱离实际的目标只能是空想。有些人由于涉世不深，总是把目标看得很高，自以为这就是目光远大，其实，这只是一种自负，是一种狂妄自大。梦想，应该根植于现实这片土壤中，离开这片土壤，只能收获失败的苦果。所以，心高气盛是不够的，必须从现实出发，从最基本的工作做起。法拉第就是一个很好的例子，他之所以可以从一个装订工人成为一个了不起的科学家，就是因为他明白只有通过一步步地努力才能走向成功。

善用你的野心

　　野心在词典里的解释是：对领土、权力和各种利益的巨大而非分的欲望。人们对这个词总是充满警惕，因为在历史上，这个词总是与争权夺势连在一起。实际上，有一定的野心是有好处的，因为它可以让我们不安于现状、不断前进。

　　列夫·托尔斯泰年轻时曾在日记里直言不讳：正是自尊和野心时常激励着我去行动。他觉得"野心的亮光可以唤来行动"。

　　以推销装饰画起家的法国传媒大亨巴拉昂，当初一无所有，但在短短10年的时间内便积聚起了大量的财富，并跻身于法国50大富豪之列。临终之前，他将自己的全部遗产捐献给博比尼医院，用于夺走他生命的前列腺疾病的研究与防治工作。此外，他还留下100万法郎，用于奖励那个可以揭开贫穷之谜的人。他的遗嘱公布在《科西嘉人报》上，内容如下：

　　我曾经是一个穷人，去世时却以一个富人的身份走进天堂之门。现在，我把自己成为富人的秘诀留下，即"穷人最缺少的是什么"。找到答案的人将得到我的祝福。并且得到我留在银行私人保险箱里的100万法郎，那是对睿智地揭开贫穷之谜的人的奖赏。

　　遗嘱公布之后，每天都有大量的信件涌向报社。对于贫穷的原因，每个人都有自己的答案。有的说是技术，有的说是头脑，还有的认为是机遇。总之，五花八门，应有尽有。

　　但是，最后揭开这个秘密并领到100万法郎的居然是一个只有9岁的小女孩。她的答案是：穷人最缺少的是野心。这与巴拉昂留在保险箱里的答案一模一样。后来，有人问小女孩为什么会有这样的答案？小女孩回答说："每次姐姐把她11岁的男朋友带回家时，总是警告我说：'你不要有野心。'所以我想，也许野心可以让人得到自己想要的东西。"

　　野心是我们前进的推动器，让我们有勇气面对困难，迎接挑战。有些心理学家将野心看作是一种最有创造性的兴奋剂，认为野心在本质上就是充满活力的东西。但是，野心太大，也会带来许多负面影响，有些人为了实现野心不惜出卖人格，牺牲他人利益，最终葬送了自己的前程，甚至丢掉了性命。

野心，有时又等于欲望。人不能没有欲望，一个没有欲望的人是不会对生活充满激情的。但欲望又不能太盛，太盛反而会受其所害。所以，对待它我们要采取一种既用又防的态度，充分利用其积极的方面，消除不利的方面。

学会完善自己

一个善待自己的人总会不断地完善自己。善待自己并不是盲目地宽容和放纵自己，而是努力地追求完美，好好地经营人生。一个人可能不是天才，却有着旺盛的精力和强烈的进取心；也可能并不聪明，却懂得如何将能力发挥到最大。

完善自己，首先要正视自己的缺点，只有这样，才能不断地加以改正。成长过程，就是一步步战胜自己的过程，就像一只蛹，只有经过不断地蜕皮，才能成长。

面对缺点，我们要采取两种截然不同的态度。有些缺点是可以改正的，对此自然要努力将它消灭。有些是改变不了的，比如自身的容貌，比如天生的一些缺陷，这时就要学会坦然地接受。因为这不是我们的错，所以没有必要斤斤计较，需要改变的只是我们的心情。

一个人的完善，最重要的是心灵上的完善。只有心灵得到了成长，才能算是真正的成长。我们的心理常有许多不健康的因素，比如，自卑、自大、狂妄、不切实际等。对于这些思想，必须及时进行清除，只有这样，身心才能健康成长。

那么我们应该如何消除这些不健康的思想呢？

首先，必须认识到这些思想的危害性，只有这样，才会提高警惕。不良思想犹如蔓草，会将我们的心灵紧紧缠住，使智慧不能得到正常施展，自身潜能的发挥受到限制。因此，如果希望身心健康，就必须认识到其危害性并将其清除出去。

其次，可以请家人、朋友帮助我们来改正。

一个人对自身的认识往往不够全面，这时，可以请家人、朋友来帮助我们认识自己。他们会指出我们所存在的问题，也会给出一些中肯的意见，而这对于我们提升自己、改善自己，都有很好的作用。

最后，设一个时间段，提醒自己在一定时间内纠正某个缺点。如果没有时间上的限制，所有的努力很可能就会在我们的一再脱延中失去了意义。因此，给自己设一个时间上的限制。可以把这个期限告诉周围可以依赖的人，这样，就算自己忘记了，也会得到别人的不断提醒，从而形成一种很好的督促。富兰克林就是用这种方法来改变自身的缺点的。

　　想要成功，就一定要加强自身的修炼。否则，所有的努力可能就会被自身的黑洞所吞噬。完善自己是一个艰苦的过程。因为人类最大的敌人莫过于自己。尽管我们可以征服自然，但在自己面前，却显得那么无能为力。但是，一个人只有战胜自己，才能算得上是真正的成功。我们只有加强自身的修养，不断改善自己、提升自己，也才能在成功的道路上越走越远。

拒绝自卑

　　每个人都或多或少的存在着自卑的情绪，因为每个人都有自己的缺点。自卑与谦逊不同，谦逊是知不足，而自卑是轻视自己。如果这种情绪严重的话，就会对生活产生负面影响。

　　自卑的人总会拿自己的弱项来比别人的长处。看到别人学习好，就埋怨自己脑子笨；看到别人性格活泼就觉得自己没有活力、死气沉沉。但为什么不看到自身也有好多优点呢？学习没有别人好，但多才多艺；性格虽不活泼但更易得到别人的信任。

　　有一个女孩，父母离异，这给她造成了很大的创伤，总觉得自己跟别人不一样，所以总是把自己封闭起来，不喜欢与人交往。有时其他同学在一旁说说笑笑，她总觉得他们在谈论自己。老师让同学们自由讨论时，她总是低着头，自己坐在角落里一言不发。她从来不与别人交流，越这样，她就越自卑，整天都是一副郁郁寡欢的样子。其实她的功课很好，人也很漂亮，但她就是摆脱不了自卑的影子。

后来，班里换了一位班主任。他发现了这个情况，便经常给这个女孩做思想工作，又找到班长，让全班同学都来帮助她。于是，几个同学主动与这个女孩接触，跟她做朋友。女孩感到心里很温暖，开始慢慢地和同学接触，她发现其实大家都不讨厌她，也没有人瞧不起她，甚至还有人因为她的功课好、为人细心而喜欢和她做朋友呢！在大家的帮助下，她慢慢地从自卑中走了出来，而且变得开朗。

有点自卑也是一件好事，它可以让我们发现自身的不足之处。但是，如果只停留在这一点上，那就是一种消极的影响了。如果在发现不足之后能加以改正，那么我们就会不断进步，并逐渐自信起来。

现代社会，竞争越来越激烈，只有具有很好的心理素质才能生存。如果一遇到挫折就否定自己，是不会成功的。而且无论是谁，都不会喜欢一个对自己都没有信心的人。现在是一个需要自我展示的年代，自卑的人只能一个人躲在角落里，看着别人不断进步。

　　既然自卑的情绪对我们不利，那么该如何克服呢？

　　首先，要学会欣赏自己。你静下心来，想一想自己到底有哪些长处，然后记下来，心情不好了就拿出来看一看，时刻提醒自己，自己并不是一无是处的。

　　其次，学会给自己记功。不论功劳大少，只要做了一件让自己满意的事就记下来。并且试着去处理一些棘手的事情，试着自己慢慢解决，实在无法解决可以请别人来帮忙，然后就会发现事情并没有想象的那么难，自己也没有所想的那么无用。

　　最后，多结交一些朋友。具有自卑性格的人，总喜欢把自己封闭起来，这会对身心发展带来很大的不利。毕竟，人以群居，离开了集体，就会感到孤独、失落，也会产生一些心理问题。而结交朋友是克服自卑的最好方法，因为只要能成为朋友，就肯定有一些志同道合之处，而且对方也的确是欣赏你才会成为你的朋友。很多不良情绪有时只要发泄出来就没事了，而朋友会是一个很好的倾诉对象。

并不完美的人生

有一个老农，家里有两个铁桶，每天他都会用这两只桶去提水，但是其中一个由于用的时间过长，桶底有了裂缝，每天都会滴好多水，到家的时候，只剩下半桶水了。为此，那只完好无缺的桶经常嘲笑它，它自己也变得很自卑。

一天，它对主人说："我真是太没用了，你还是扔了我吧，每天都让你浪费那么多的水，简直就是白费力气！"

老农笑了笑说："谁说我白费了呢？你看看你的下面。"铁桶一看，自己的下面都是些绿油油的野草，他不知道主人这是什么意思。老农接着说："我每次担水，都会路过这里，因为你总是漏水，所以这里的草长得特别好，家里的大黄牛，吃的就是这里的草，如果不是你，草就不会长得这么好，牛儿岂不要挨饿了吗？"

这只桶一听，立刻高兴了起来，再也不难过了。

一方面有所失；另一方面却有所得，这就是生命的奥妙。所以，对你失去的东西，不必斤斤计较，因为你会在别的地方有收获。

有一只毛毛虫向上帝抱怨说："上帝啊，你创造事物太不公平了。我做毛毛虫的时候，样子十分丑陋，行动也特别迟缓，但做蝴蝶的时候，却是那么漂亮，动作也很轻盈。这太不平衡了。"

"那你说该怎么办呢？"上帝问它。

"这样吧！在我是毛毛虫的时候，你让我的动作快一些，是蝴蝶的时候，动作稍稍慢一些，这样不就平衡了吗？"

上帝没有说话，只是笑了笑。

于是，它又在那里苦苦地哀求，诉说着自己的烦恼。上帝见它顽固不化，就只好答应了它的要求。

毛毛虫这下高兴了，它认为这样总算可以找回些平衡了。它化作美丽的蝴蝶，在那里翩翩起舞，可是由于它要了毛毛虫的速度，所以飞得特别慢。这时，几个小孩子跑了过来，见到这样一只美丽的蝴蝶，恋恋不舍。他们一步步地轻轻靠近，蝴蝶感觉到了危险，想要飞走，可发现自己无论如何都飞不快，结果被几个小孩子一把就抓住了。这时它才意识到自己有多么愚蠢。这时，仁慈的上帝出现了。毛毛虫赶紧向上帝忏悔，上帝见它知道了错误，就又把它变回了原来的样子。

缺陷并不是件坏事，人生法则中有种抱残守缺的说法。因为世上本就没有完美的事物，事事追求完美，反而事事都不完美，所以不如抱残守缺，以不完美为完美，以不圆满为圆满，以不完全为完全，这样才能过得快乐。只要心中有完美，事事皆完美。

中国有句古话，叫作"满招损，谦受益"。意思是说事情做得太过，反而没有好处。就像韩信，功高盖主，反而招来杀身之祸；石崇聚敛的财富太多而惹祸上身。所以事事留点儿余地，未必会是坏事。

有时，缺陷反而会成为一笔财富，就像贝多芬，如果不是耳聋就不会有与生命抗争的激情，也不会有那么气势雄浑的作品。海伦·凯勒如果不是失去了听觉和视觉，对生活的体验就不会那么细致，也不会成就她那传奇的人生。所以，在这里失去，在另一方面往往会有所得。

　　不必为自己失去的东西揪心，不必为不完美而苦恼，人生就是这个样子，没有人会达到百分之百的完美。而人生的快乐，就在于不断地战胜自己，挑战自己，一步步接近完美，如果人生太完美，反而会失去发挥的空间。

　　当然，这并不是教唆你不思进取，而是让你对自己不必太苛刻。毕竟有些事情始终都是做不到的，只要尽力，也就够了。

　　正确对待生活中的不完美，生命才有无限的生机和可能性。保持一颗平常心来对待一切，凡事不必求全责备，只要走好每一步，能够做到此生无悔也就够了！

对自己不要太苛刻

我们对待自己既不能太放纵，又不能太苛刻。一个放浪形骸的人，只会生活在纸醉金迷之中，最后失去了方向。而一个对自己太苛刻的人，就会让自己活得很累。

有一天我去珠宝店买项链，看到一串玉制的手链很是好看，便拿起来仔细观赏。店主见我有意，便急忙过来招呼，说这是上等玛瑙。一问价钱，也不算贵。不过仔细一看，上面有许多的斑点。老板看出了我的意思，便解释说，这串手链也正是因为这些斑点才这么便宜的，不然的话，价钱就会很贵了。我笑了笑，没有说话，掏钱买下了这串手链。

这串玉石的确有斑点，但谁又能说有斑点不好呢？水晶里就有一种叫作"发晶"，虽然有瑕疵，看上去却很漂亮。豹子身上也有斑点，但又有谁敢说它的毛色不纯正呢？斑点在这里不是缺陷，反而成为一种点缀，让它看上去更美丽。

人生又何尝不是如此呢？有些东西是与生俱来的。比如容貌，无论美与丑，都得接受，若因为相貌不好和自己过不去，那只会让自己生活在自卑中。工作中，也会有一些事情是我们解决不了的，每个人都有特长，每个人也都有弱项，解决不了问题并不代表其他方面的能力比别人差。拿短处去比别人的长处，只会徒增烦恼。

我们总是说对别人要宽容一些，对自己也该如此。当然，对自己要求严格并不是一件坏事，但如果处处跟自己过不去那就是件坏事了。该接受的现实，就要接受，如果对一切你都能够用一颗平常心去对待的话，就会轻松许多，也会快乐许多。

挑战自我

人类似乎是无所不能。我们驯服了野兽，让它们乖乖替我们服务；征服了自然，使它听从我们的指挥。之后，我们又把触角伸向了太空。就在我们为自己所取得的成绩而得意扬扬之时，猛然回头，却发现还有一个敌人正虎视眈眈地盯着我们。这个人就是我们自己。

战胜别人往往很容易，但战胜自己却很难。造物主在我们诞生的那一天起，似乎就给我们制造了一个走不出的牢笼。而我们的一生，也就变成了同自我的一场战斗。

如果可以战胜自己，或许我们还可以创造出更多的奇迹。但是，自身的弱点却像一个个黑洞，把我们吸向离成功越来越远的地方。

所以我们必须挑战自我，向自己的弱点开炮。

曾经有一个主管，跟我讲过这么一个故事：

一天早上，他刚到公司，一个工作非常优秀的员工便闯进了他的办公室，站在他的面前，大胆地盯着他。

"我要辞职！"他说。

这位主管很惊讶，因为这位员工很有发展前途，他便问他到底发生了什么事。

"我不太适合这份工作，我觉得自己的性格不太适合做推销员，我没有那样的耐心和能力。"

这个年轻人可以如此坦诚地说出自己的缺点，主管很欣赏他的勇气。如果将这种勇气用到工作中，他会做出很好的业绩。

主管问他："那你为什么不向自己挑战呢？"随即他顿了顿，"我相信你的能力，更相信自己的眼光！"

这个员工当时呆住了。他没有说话，然后慢慢地走出了办公室。那天晚上他回来了，而且带回了很大一笔订单。并且从那以后，他一直在不断地打破自己的最高纪录，他成了公司最好的推销员。

从这个故事可以看出，我们必须学会挑战自己。挑战自己就是克服自己的弱点，创造一个全新的自己，而不是倒退。

挑战自我是一种进步，不断向自我宣战并不断地让自己更加完美，不断地唤醒体内那些沉睡的潜力，不断地让自己创造着人生的奇迹。

张海迪5岁时因患脊髓病而导致胸部以下完全瘫痪。她无法上学，便以极大的毅力在家中自学完全部中学课程，又自学了大学英语，她还学习了日语和德语。另外，她又自学医学，并向有经验的医生请教学会了针灸。为了对社会有所贡献，她曾经在农村给孩子当过老师，还用自学的医学知识为群众治病。

1973年，她跟着父母搬到了城里，这是一个完全不同的环境，在这里，一切生活都得重新开始。为了生存，她又像过去一样，在艰难的生活中抽出时间来学习，她又学会了画画和音乐，并获得了成功。

1983年，张海边开始从事文学创作。她克服了病痛的折磨，以顽强的毅力写出了《鸿雁快快飞》《生命的追问》以及《轮椅上的梦》等小说，并翻译了多部外国名著。后来，她被医院检查出患了癌症，但她并没有被病魔打倒。她在做完癌症手术之后，又继续以顽强的毅力与病魔做斗争。她还开始学习哲学研究生的课程，并在两年之后通过了论文答辩，被吉林大学授予哲学硕士学位。

　　敢于向自我挑战，让人类创造了一个又一个奇迹，这才是人类伟大的原因。但是，生活中，我们又有多少人在面对困难时泄了气。美国著名心理学家陆哥·赫胥勒说得好："编撰20世纪历史时可以这样写：我们最大的悲剧不是令人恐怖的地震，不是连年战争，甚至不是原子弹投向日本广岛，而是千千万万的人生活着然后死去，却从未意识到他自身尚未开发的巨大潜能。"

　　让我们做最好的自己。只要相信自己，只要战胜弱点，只要不断地改进自己，就会发现自己比任何人都优秀。

　　当然，要运用适当的方法。方法不当，那得来的便不是战胜自我的喜悦，而是失败的酸涩。这就需要制定适度的目标，目标太高超过所能承受的范围，就算努力也难以达到预期的目标，还会挫伤自身的积极性；目标太低又不能将体内的潜能激发出来。

　　美国西部黄金海岸海洋馆里有一头叫作柯亚的虎鲸，它的体重达到8600公斤，却可以跃出水面1.6米，并能表演各种各样的动作。那么这头虎鲸是怎样创造出这种奇迹的呢？原来在训练这头虎鲸时，训练师先把绳子放在水下面，使柯亚不得从绳子的上方通过。它每次通过绳子，便会得到食物等诸多奖励。当柯亚从绳子上方通过的次数多于从下方经过的次数时，训练师便会提高绳子的高度，虎鲸就这样一步步地创造了属于它的奇迹。

征服自己，是一种灵魂深处的提升；超越自己，是一种人生的成熟。

肯定自己、征服自己、控制自己、创造自己、超越自己，那么我们就可以有足够的勇气去面对事业以及生活中的一切艰难、挫折和不幸。

做人就要不断进取

　　一个人只有具有进取心才能不满足于现状，才能不断地向现实挑战。一旦形成不断自我激励、始终向着更高境界前进的习惯，那么潜能就会被激发出来，我们就会由一个成功走向另一个成功。

　　喜欢喝咖啡的人一定都知道霍德华·舒尔茨这个名字。他被称为咖啡吧大王，光在美国就拥有1500家分店。霍德华从小生长在一个贫穷的家庭里，可以说他完全是白手起家的。而成就这位咖啡吧大王的，除了他那独到的眼光，深邃的智慧，还有就是一种强烈的进取精神。正是因为这种精神的支撑，也才有了后来的咖啡吧大王。

　　大学毕业之后，霍德华根据自己的特长，进了一家瑞典人开的公司做销售。这家公司主要经营家庭用品。由于聪明、勤奋，霍德华在28岁时就因业绩突出而被提升为该公司的副总裁，过上了舒适的生活。如果是别人，可能也就满足了这种生活。但霍德华却不是这样。在他心中，有着更高的追求，他希望可以主宰自己的命运。

机会很快就来了。当时西雅图有家叫作明星咖啡连锁的公司，向他们大量订购一种滤式咖啡壶。这家公司规模不大，但其订购量却惊人，甚至超过了当时的百货巨擘——梅西公司。出于一种商人的敏感知觉，霍德华对这家小公司产生了兴趣，他亲自跑到西雅图进行调查，发现原来这家公司是将咖啡豆当场磨成粉，然后再冲成一杯杯热气腾腾的咖啡出售的。而且这种咖啡的味道极佳。这引起了霍德华极大的兴趣。当晚，他便与这家咖啡店的股东进行了会谈，深信这种经营方式一定获得顾客的青睐。

经过一段时间的思考，他决定投身这项事业。这也就意味着他必须放弃目前优厚的待遇，生活上也将不再有保障。但最后霍德华还是决心一试。但是，在与那家咖啡店的董事长进行完会晤之后，他得到的答案却是不予录用，因为他的计划不符合公司的经营方针。霍德华没有放弃，经过一番努力，最后终于被这家公司录用。

后来，一次偶然的机遇又改变了霍德华的命运。那是他到意大利的米兰去参观国际家庭用品展览会。会场中有个小咖啡吧，典型的意大利经营方式，那种浪漫的气氛给他留下了很深的印象。他突发奇想：可以开设咖啡吧，论杯卖咖啡。这样顾客不必自行研磨便可以享受到美味的咖啡。回到西雅图后，他把自己的想法向高层做了汇报，但没有得到支持。因为那样做存在着一定的风险，而他们目前有着很可观的盈利，所以没有必要去冒这个险。再者，这种方法也与公司的经营理念有着很大的冲突，因为公司对自己的定位是零售业者，而不是餐厅或酒吧。

霍德华坚信自己的判断是正确的。计划得不到企业高管的承认，他便打算自立门户。而这时，贤惠的妻子给了他很大的支持。1985年，他离开"明星"，创办了自己的公司——伊尔·乔尔纳莱公司，走上了独立创业的道路。结果，他获得了成功。他的公司以惊人的速度扩张着。最后，他又抓住机会，收购了自己的老东家明星咖啡连锁公司，实现了自己所有的雄心壮志。

　　浅尝辄止、安于现状、不思进取的人不会取得什么大的成绩。古往今来，大多数有成就的人都有顽强的进取精神，他们不断地超越自己、不断地拓宽自己的思路、不断地扩充知识，所以他们比别人走得更远。

　　电灯的发明给人类带来了光明，使人们战胜了黑暗，这一切，无疑要归功于大发明家爱迪生。当时爱迪生、斯旺以及许多的科学家都在同一时期研究电灯。人们对制造电灯的原理已经很清楚了，就是要把一根通电后发光的材料放在真空的玻璃泡里。但当时最大的问题是如何让它的成本更低、照明时间更长。

　　爱迪生也全身心地投入了这场研究，但是他从事研究的时间要比其他人晚一些，所以他告诉自己必须追上那些提前研究的人。当时他在社会上已经是一个声名显赫的人物了，但他不为盛名所累，依然像小时候在火车上做实验一样踏踏实实地干。当时最关键的问题是解决做灯丝的材料，为了找到一种合适的材料，他做了上千次实验，他尝试过炭化纸、玉米、棉线、木材、麻绳、马鬃以及各种金属，甚至连朋友的胡子他都没放过。经过一年多的苦苦研究，他终于找到了可以让电灯连续发光达45小时的灯丝。当时，他和助手欣喜若狂。但他不满足，他要找到一种可以让电灯持续发光100个小时的材料。

两个月后，灯丝的寿命达到了170小时，这时各种赞美之声铺天盖地而来，但是爱迪生没有陶醉其中，他还不满足，还要挑战。他的下一个目标是灯丝的寿命可以达到600小时。他就这样默默地研究着，默默地前进着，结果，他的样灯寿命达到了1589小时。爱迪生用他的进取精神，为人类带来了无限的光明。

克服内心的忧虑

人总是莫名其妙地担忧，却不知道原因何在。事实上，有这种感觉的人很多，它一直困扰着我们，让我们焦头烂额，夜不能寐。

其实，忧虑大多来自未来可能发生的事，也就是现在还不存在的事。犹太人有句谚语："只有一种忧虑是正确的，那就是为忧虑太多而忧虑。"的确如此，忧虑是无济于事的，只会让我们被烦恼牢牢困住，在原地打转。

忧虑是会自我增强的。亚瑟·史马斯·洛克说过："忧虑是流过心头那条汇集恐惧的小溪。如果水流增加，它就会变成带动所有思绪的河川。"所以绝不可以对这个问题掉以轻心，应该找出产生忧虑的原因，并及时将其克服。

忧虑对我们是有害的，它不但会削弱内心的勇气，还会对身心健康产生不利的影响。一个人如果整日生活在忧虑之中，很难会体会到生活的快乐。哪怕所有的一切已经很完美了，他们还是在担心。仿佛担心已成为他们的一种工作，是没有办法摆脱的。

如果你也有这种情况，就要赶紧将其根除。因为它会污染我们情绪的源泉，让我们时刻生活在恐慌之中。而这种恐慌的情绪又会被带入工作之中，使我们工作起来没有效率、无精打采。而这从一定程度上又加强了我们的忧虑，从而使我们陷入一个恶性循环之中。

有位名人曾说过："麻烦就像婴儿一样，有人照顾就越长越大。"因此，对待它的最好办法就是不予理会。当头脑中出现这种想法之后，要学会及时转化注意力。你不再去触摸它、咀嚼它，它自然也就不会对你造成任何的伤害。

为了对待忧虑，拿破仑·希尔每周都会给自己安排下一定的"忧虑时间"。在这个时间之内，他会集中考虑那些让自己感到不安的事情，而其他时间则全身心地投入工作之中。但大多数时候，到了"忧虑时间"时，那些曾经让他感到烦心的事情却不复存在了。

我们也可以试着学习这种方法。如果当真无法排除这种情绪，就抽出特定的时间给它，而在其他的时间内就要全身心地投入到工作中去。但是，切记不可把"忧虑时间"安排在就寝前一小时内，那样会对你的身体带来不利的影响。

事实上，忧虑对我们改善状况不会有任何的作用，它只会让我们陷入一种混乱当中，从而使我们没有办法静下心来专心思考问题。不过有时适度地忧虑也会给我们带来好处。它会调节我们过热的头脑，不至于被胜利冲昏了头脑。也会督促我们不断地取得进步。因此，它可以成为我们精神生活的一剂调味品。但如果你让它完全统治了你的思想，那么就是有害的了。

关于忧虑，一些心理学者结合他们自身经历和众多调查结果，找出了下面5个办法来克服：

第一，分析一下产生忧虑的原因。我们知道，要想治好疾病，就要学会对症下药，否则就难以取得应有的疗效。对待心理疾病也是如此。你首先要弄清产生忧虑的原因，只有弄清原因才能想出解决的办法。其实在大多数情况下，我们的忧虑感都是多余的，其实事情远没有自己想象的那么坏。或许你可以让它先搁置一段时间，不去理睬它，等过一段时间再准备去面对它时，它已经无影无踪了。

第二，对挫折有一个正确地认识。挫折，是每个人都会遇到的，一定要以正确的心态来面对。从某种程度上讲，挫折对我们的人生有一种积极的意义。它会让我们对世界的认识越来越深刻，也会让我们自身的能量得到进一步的释放。

一个饱经沧桑的人，在生活面前会比常人更勇敢、更有智慧。相反，一个没有经历过磨炼的人，就会像温室中的花朵，很难会取得大的成绩。所以，我们要用另一种心态来看待困难。当你调整好自己心态的时候，也自然就没有什么可担心的了。

第三，适当转移注意力。如果你的头脑里又出现了一些消极的思想，要学会及时转换自己的注意力。消极思想就像一个任性的孩子，你越是招惹他，他越会没完没了；当你背过脸去时，他也就无能为力了。可以撷取生活中一些快乐的事情，一些温馨的回忆，来代替那些不快的事情。慢慢地，你的烦恼也就会烟消云散了。

第四，建立信心。我们之所以会忧虑，是因为我们对自身的能力有所怀疑，是因为我们对自己不是很自信。一个有信心的人，就会有勇气面对生活中各种各样的困难。当然，信心的建立需要一个很长的过程，它也需要我们经过不断地锻炼才能建立。当你建立起信心的时候，心智就会变得更加成熟，忧虑也自然会消失了。

　　第五，多交益友。人类除了物质需求之外，还需要精神需求。而朋友就是满足我们精神需求的。一个交友广泛的人，心胸自然会变得越来越广阔，他的学识会随着交往的增多而得到增长，遇到困难时，会得到更多的援助。因此，在面对困难时就会更有信心，忧虑自然减少了。

不要庸人自扰

人的心态非常微妙。保持乐观，就会觉得做什么事都得心应手。反之，心情郁闷，做什么都会心不在焉。

一个人的心情总有起伏的时候，不可能永远都维持在高潮期，而且适度的心理低潮有时也能调和乐观过度的缺点。

心情是有规律可循的，心情波动总会在一定的时间段之内。所以情绪低落之时，让自己平静下来，等待一段时间，过后一切都会好起来，千万不要一天到晚都唉声叹气。

有一个杞国人，成天到晚都在唉声叹气。别人问他怎么了，他说担心天会塌下来，那样的话全天下的人都得遭殃。人们告诉他，天是永远不会塌下来的，更不会砸死人。这就是成语"杞人忧天"的故事。这个故事有些可笑，但生活中这样的例子并不少见。好多时候，我们会把事情想得很坏，其实事实并非如此。

当然，有些担心也是好的，但是要适度调整。不要成天生活在担心中，惶惶而不可终日。

诗人李白说得好"天生我才必有用"，每个人都有存在的独特价值。曾经有一个年轻人，受到了很严重的打击，他觉得自己一无是处，这个世界对他来说已经失去了生存的意义。一天傍晚，他来到了河边，准备结束自己的生命。他在冰冷的河边站了很久，就在他下定决心要跳进河里结束自己生命的时候，看到一个老太太跌跌撞撞地走来。她不停地用手中的拐杖敲打着地面，好几次险些被零乱的树枝绊倒——原来她是个盲人。这个年轻人见到老人这样，心中生出几丝怜悯，他想，或许在我死之前应该先把这位老人送回家，也许这是我能做的最后一件好事了。"需要帮忙吗？"他走上前去问这位老人。老人听见有人同她说话，立刻高兴了起来："您好，太高兴能在这里遇见你。我迷路了，您能帮我回家吗？"年轻人问清老人的地址，便把她送回了家。一路上，老人不停地与他聊着，老人的乐观深深地感染了他。回到家后，老人向他表示了谢意，并请他进屋喝咖啡、吃糕点，但他婉言谢绝了。离开老人的家，他没有再向河边走去，他要好好地生活，因为他知道，自己的生命还是有意义的。

要想向自己宣战，首先就必须树立一种精英观念。一旦有了这种力量，信心就会增强。而且你要将这种信念深深地根植于你的思想里——你必须将自己点燃。你要让体内的激情和力量熊熊燃烧，将生命照亮。

内心若想得到成长，个性若想得到拓宽，就必须不停地接受挑战，然后你会看到自己变得更加强大、更加完美。

所以，让我们记住那句话：天下本无事，庸人自扰之。

不要自暴自弃

生活需要有取有舍。学会放弃是一种以退为进的聪明，也是一种处世哲学。

世界上的放弃有好多种，但最愚蠢的放弃，就是放弃自己。如果连自己都放弃了自己，那么别人还能要求我们做什么呢？

古时候，有一个人，家里有一妻一妾。此人家境并不富裕，生活经常捉襟见肘，但令人奇怪的是他每次出门总会酒足饭饱地回来，并带回一些可口的饭菜给两人吃。妻子和小妾感到奇怪，便问他与什么人一起吃饭。丈夫回答说都是一些富贵之人。妻子暗中与小妾说："从不见家人有过富贵之人登门。下次他出去我一定要弄个清楚。"

丈夫又一次出门，妻子悄悄地跟在他身后。只见丈夫跑到城南的祭祀之地，向那里的人讨要些东西。妻子回来之后哭着对小妾说："想不到我们一向敬重的丈夫居然会做这样的事情。"说完，二人抱头痛哭。

每个人都会遇到挫折，这可能是懦弱者自怨自艾、自我毁灭的理由，也可以成为坚强者发愤图强的动力。

罗伯特·巴拉尼出生于维也纳，父母都是犹太人。他年幼时患了骨结核病，由于家庭经济不宽裕，无法根治，最后使他的膝关节永久性的僵硬了。父母为此很伤心，但是懂事的巴拉尼却一直安慰父母："你们不用为我担心，我完全可以成就一个健康人的事业。"

从那以后，他发奋读书，成绩一直名列前茅。18岁那年，他进入了维也纳大学学医，并于1900年获得了博士学位。毕业后，他留在维也纳大学耳科诊所工作，当一名实习医生。由于他工作努力，得到了该大学著名医生亚当·波利兹的赏识，对他的工作和研究给予了极大的指导。巴拉尼对眼球震颤现象进行了深入地研究和探讨，经过三年的努力，于1905年发表了题为《热眼球震颤的观察》的研究论文。这篇论文的发表，引起了医学界的关注，标志着耳科"热检验"法的产生。他继续进行深入地研究，通过实验证明内耳与小脑有关，以此奠定了耳科生理学的基础。

1909年，亚当·波利兹病重，他主持的耳科研究所的事务以及在维也纳大学担任耳科医学教学的任务全部交给了巴拉尼。巴拉尼并没有被繁重的工作压垮，他不但出色地完成了工作任务，还对自己的专业进行了深入研究。后来，他先后发表了《半规管的生理学与病理学》和《前庭器的机能试验》两本著作。由于他的突出贡献，奥地利皇家授予他爵位，并于1914年获得了诺贝尔生理学及医学奖。

巴拉尼一生发表的科研论文共有184篇，治疗了好多耳科绝症。由于他的成就卓越，当今世界上探测前庭疾患的试验和检查小脑活动及其与平衡障碍有关的试验都是以他的姓氏命名的。

"自古英雄多磨难"，挫折并不可怕，可怕的是自己抛弃了自己。

马克思曾经说过，伟人之所以高不可攀是因为你自己跪着。所以，如果你想变得像他们一样伟大，就请你站起来！

生活，是需要一些波澜的，否则，就会成为一潭死水；人生的滋味，也是酸甜中夹杂着苦辣。我们应该感谢困难、挫折让我们尝到了人生百味。

　　请记住：每个人都是高贵的。记住别人的高贵，就会学会尊重别人；记住自己的高贵，才会在任何时候，都不亵渎自己！

坚定你的信心

《圣经》上说："他在无可指望的时候，因信心仍有指望……他将近百岁的时候……他的信心还是不软弱。"

信心是一个人的支柱，有了信心，就不会迷茫，不会抛弃希望。

信心，是一种能量，也是支撑我们精神大厦的支柱。它会帮助我们扫尽前进途中的一切障碍，从而轻松地驶达成功的彼岸。而一个没有自信的人，首先在气势上就输给了别人，自然也就难以取胜了。因此，能摘得成功果实的，永远都是那些充满自信的人。

从白手起家到成为"世界船王"，包玉钢创造了商业史上的一个神话。而支撑他成功的，便是对自己强烈的自信。

包玉钢并非出生于航海世家、他的家族中从未有人涉猎过这个领域。包玉钢最先从事的是进出口贸易，却不成功。但是这次经历也使他看到了航海业的巨大潜力。尽管当时父亲劝他从事房地产，但他还是决心从事航海运输业。他认为香港地区作为航海码头的优势是得天独厚的。这里背靠内地，通航世界，又是商品的集散地，潜力非常巨大。但是，这一观点遭到了来自各方的反对。当时这个行业竞争异常激烈，所以并不被人看好。包玉钢相信自己的判断是正确的，所以他不顾众人反对，毅然决定从事航海运输。

同大多数人一样，创业之初，他遇到的困难是巨大的。首先就是资金问题。别说搞海上运输需要大量的油轮，当时他穷得连条旧船也买不起。他四处借贷，却四处碰壁，没有人相信他可以成功。最后，在一位朋友的帮助下，他终于买来了一条旧船。就是凭着这条旧船起家，他的生意越做越大，最后成为拥有资金达50亿美元的华人巨富。

信心是我们心中的磐石，有了它，我们就可以岿然不动，任尔东南西北风；有了它，我们就可以坦然面对困难，而不是妄自菲薄，自暴自弃。

另外，我们还要学会调整自己的心态。每个人都有遇到困难的时候，每个人也都有情绪低落的时候，这时，我们需要静下心来，慢慢调整自己。对事物的态度不同，所取得的结果也会不同。

有一个小笑话是这样讲的：两个盗贼在路边看到了一个绞刑架。其中一个说："该死的东西！如果没有它，我们的日子会好过得多！"而另一个却骂道："白痴！多亏有这破玩意儿才轮到我们吃这碗饭，要不然人人都来当强盗了！"

境况没有办法改变，但态度却可以改变。带着好心情上路，你也会活得更加轻松。

第五章

敢于面对挫折

正确面对挫折

　　没有一个人的人生是风平浪静的。人生总会遇到一些挫折、一些磨难，也正是因为这些才能把英雄与常人区分开来。

　　通往成功的路途总是艰险的，能够到达成功之巅的总是那些能够笑对挫折的人。他们不怕风浪、披荆斩棘，用自己的勇敢和坚强续写着人类的传奇。于是，迎来了满地的鲜花、热烈的掌声，还有令人羡慕的荣耀。他们也笑，但也只有他们知道笑的背后埋藏着多少痛。他们从坎坷中走来，从灰烬中走来，他们如同浴火重生的凤凰，迎来生命的奇迹。而那些躲避困难的人呢，只能羡慕地坐在路边，替那些英雄鼓掌喝彩了。

　　在世界的各个角落，我们都会常常看到一个老人的笑脸，花白的胡须、白色的西装、黑色的眼镜，永远都是这个打扮。就是这个笑容，恐怕是世界上最著名、最昂贵的笑容了，因为这个和蔼可亲的老人就是著名快餐连锁店"肯德基"的招牌和标志——哈兰·山德士上校。

　　哈兰·山德士，1890年9月9日出生于美国印第安那州亨利维尔附近的一个农庄。小时候生活十分清贫，就在他6岁那年，父亲去世了，只留下母亲和三个孩子艰难度日。山德士是老大，就挑起了照顾弟妹，为母亲分忧的重任。白天母亲不在家，他便自己做饭，一年过去了，他竟然学会做20个菜，成了远近闻名的烹饪能手。

　　长大后的山德士从事过各种各样的工作，但都没有太大的成就。40岁的时候，他来到肯塔基州，开了一家加油站，为了方便前来加油的人，他便在加油站的附近开了一个小饭馆，招待前来加油的人。后来，他又推出了自己的一种特色食品——炸鸡，这就是后来肯德基家乡鸡的雏形。由于这种炸鸡味道很美，吸引了大量顾客。

　　后来，炸鸡的名声越来越大，甚至超过了加油站。客人也是越来越多，于是他只好在马路对面开了一家餐厅，专门卖炸鸡。

　　为了保证炸鸡的质量，每次他都是亲自动手操作。经过不断地改进技术，终于形成了一种含11种药草和香料的特殊配料，并使炸成的鸡表面形成一层薄薄的几乎未烘透的壳，使鸡肉湿润而鲜美。他还扩大了餐厅的规模，建立了一个可容纳100多人的大餐厅。

他的餐饮业还带动了当地的经济，为了感谢他对该州的经济发展所做的贡献，肯塔基州州长还给他颁发了肯德基州上校官阶，所以人们都叫他"亲爱的山德士上校"。

后来，他又利用高压锅研制出了一种特殊的制作方法，不但大大缩短了制作时间，还让炸鸡的味道更加鲜美，而且这种制作方法一直沿用至今。

可是第二次世界大战的爆发给了他一次小小的打击，他的加油站关门了，从此他开始专心经营饭店。但是动乱的年代让他的生活不再安稳。他破产了，不得不变卖了全部财产，再次变得一贫如洗。

这时的山德士已经66岁了，他每月只能依靠105美元的救济金艰难度日。但是山德士不想就此消沉下去。

后来，他总算想出一个办法。他曾经把炸鸡的配方卖给犹他州的一个老板，由于他干得不错，后来又有一些人买了他的配方，并按自己销售产品的数量给他一定的报酬。他想也许自己可以试一下这种方法，即出售自己的炸鸡秘方。

于是，他又开始了第二次创业。每天他都奔波于大大小小的餐馆之间，向他们说明自己的想法，并当场表演自己的炸鸡技术。但是，没有人相信他，他们都觉得这有些不可思议。当时的艰辛可想而知，但是山德士从来没有想过放弃。终于，两年后的一天，也就是在他被人拒绝了1009次之后，终于有人给了他一次机会。这也成为他人生的另一个转折点。他的制作方法得到越来越多的认同。

1952年，盐湖城建立了第一家肯德基餐厅，这是餐饮加盟特许经营的开始。后来，他的业务越来越大。肯德基餐厅不仅遍布美国，而且还传到了加拿大。1955年，肯德基有限公司正式成立，使他再一次成为当地的名人。后来，一家电视台邀请他参加一个脱口秀栏目，他便穿上自己唯一一套干净的西装——白色的棕榈装，然后再戴上黑边眼镜。后来，这便成为他的招牌形象。

1964年，有人提出要收购他的公司，当时山德士虽然十分不舍，但考虑到自己年事已高，便答应下来。公司在新领导人的带领之下，业务得到迅速拓展。但是考虑到他的巨大影响力，公司付给他一笔终身工资，让他继续担任肯德基的发言人，广泛进行宣传。后来，公司又不断地转手、变化，但是经营方式却没有变，都是特许经营，配料也是越来越多，但都是在当初的11种原料的基础上形成的。而肯德基的形象，也永远都是那个穿着一身白色西装、满头白发，戴着一副黑边眼镜，永远都笑眯眯的山德士上校。

这就是山德士上校，用他的坚强和智慧，在他66岁的时候，又续写了新的传奇，让肯德基传遍整个世界。

有时，挫折是一笔财富，有了它，我们才会更加脚踏实地；有了它，才能激发出自身的潜力。从挫折中走出的人，总会活得更加坚强、更加理智、更加充满智慧。孟子说得好："天将降大任于斯人也，必先苦其心志，劳其筋骨，饿其体肤，空乏其身，行拂乱其所为，所以动心忍行，增益其所不能。"讲的就是一个人在成大业之前必须要经过各种各样的磨炼。真正的成功者，是不会惧怕失败的，他们就像重生的凤凰，从灰烬中一次次地站起。

笑对挫折

人生，就是一连串的跌倒再爬起的过程。挫折，是上天赐予我们的一笔财富，有了它，人生才更加丰满、更加充实。所以，面对困难，我们应该确立一种正确的心态，不要再去抱怨、躲避，而是应该勇敢地去面对。

每个人在人生之路上都会遇到大大小小的挫折，凡能成大事的人，都能够勇敢地面对。因为通往成功的路总是充满艰辛的，一个人只要有面对挫折的勇气和决心，就能跳过一个个障碍，达到成功的最高峰。

面对挫折，我们心中最多的却是恐惧。的确，没有人愿意失败，因为失败带来的是沉重的打击，而一个人在沉重的打击之下往往会消沉。但是，生活是不青睐弱者的，只有那种能够笑对挫折的人，才能够摘到胜利的果实。

　　但是，挫折是每个人都会遇到的，也是每个人都必须经历的，就像一次次地蜕变，尽管很痛苦，却可以让我们一步步地走向成熟。

　　面对挫折，我们应该抱着一种平常的心态。毕竟，在这个世界上能够使我们受伤的，只有自己。面对挫折，我们更需要坚强。

　　坚强，可以带领我们走出困境，让我们一步步走向成功。一个人如果没有面对挫折的坚强信心，就不可能成为事业上的成功者。

　　挫折，并不等于失败，只是暂时没有取得成功而已。著名的成功学大师拿破仑·希尔曾经这样解释失败与挫折："首先，让我们说明'失败'与'暂时挫折'之间的差别。且让我们看看，那种经常被视为'失败'的实际上只不过是暂时性的挫折而已。有时候，我甚至认为这种暂时性的挫折实际上是一种幸运，因为它会使我们振作起来，调整努力方向，使我们向着不同但却是更正确或者更美好的方向前进。"

　　所以，我们应该正确地面对人生道路上的挫折，它会激发出我们的勇气，它会让我们变得更加坚忍、更加成熟。它是我们生活中的一种调味品，使平淡的生活多了美丽的涟漪。

　　所以，学会笑对挫折吧！只有这样，生活才会对你笑！

没有失败，只有放弃

挫折是检验强者与弱者的试金石，因为弱者在挫折面前总会选择放弃。放弃，是他们最惯常的行动。一遇到困难，放弃；不相信自己，放弃；害怕失败，放弃；不想吃苦，放弃。于是在这一连串的放弃中，前途也被放弃了。

失败者之所以失败，就是因为他们太习惯于放弃。

一位著名的意大利篮球教练执教一支篮球队。这支篮球队已有了连输15场的纪录。

接下来的一场比赛，毫无疑问，战况仍然很不乐观。上半场，对方就在比分上占了绝对的优势。球员们一个个开始垂头丧气起来。

教练看着一个个无精打采的队员，忽然严厉地吼了起来：

"怎么，你们想放弃吗？"队员们虽然一个个嘴上说"不"，但他们的神色已说明了一切：他们不相信自己可以取胜。

"如果是迈克尔·乔丹在与对方比赛，在比分大大落后的情况下，你认为他会放弃吗？""不会！"队员们小声地回答。

"如果是拳王阿里，在自己失利的情况下会不会放弃？"

"不会！"

"如果是爱因斯坦，遭遇了若干次的失败后会不会放弃？"

"不会！"队员们大声地回答。

"那你们又有什么理由放弃呢？"

一阵沉默。

接下来的比赛，发生了戏剧性地变化。刚才那些垂头丧气的队员，一个个变得精神抖擞。他们凌厉的攻势令对方防不胜防。最后，这支球队反败为胜，赢得了这场比赛。

世界上没有失败，只有放弃。只要能够坚持，那么总有一天成功会属于你。

当然，有时我们应当学会舍弃的。比如，选择了错误的职业，那就应该及时调整方向，不应一条路跑到黑，在这种情况下，舍弃便成为一种智慧。永不言弃是有前提条件的，首先你做的必须是一件正确的事情，适合自己的事情，哪怕全世界的人都反对，也应该坚持。只要有高度的自信，坚定的信念，就可以勇敢地把挫折踩在脚下，那么终有一天，你会成功。

2002年诺贝尔文学奖获得者凯尔泰斯·伊姆雷，小的时候特别呆笨，被人称为"木头"。有一次他做梦，梦见国王给他颁奖，原因是他的字写得很好。醒来之后，他很想把这个梦告诉别人，但又怕遭到别人的嘲笑，最后只是偷偷地将这个梦告诉了妈妈。

妈妈说："我曾听说，上帝把一个美好的梦想放在谁的心中，他就是真心想帮助谁完成。假若这真是你的梦，你就有出息了！"

于是从那之后，他就真的喜欢上了写作。"上帝会来帮我的！"他对自己说。就是怀着这样的信念，他开始了写作生涯。

但是三年过去了，上帝没有来。又是一个三年，上帝还是没有来。就在他苦苦等待上帝的时候，希特勒的部队来了。而他，一个犹太人，自然也逃脱不了被送往集中营的命运。

那是一段让人不堪回首的记忆。600多万犹太人在那里被夺走了性命。他却奇迹般地活了下来。1965年，他写了自己的

第一部小说《无法选择的命运》。10年之后，又有了自己的第二部小说《退稿》。而后，他又写了一系列的作品。就在他不再关心上帝是否会来帮他时，瑞典皇家学院宣布把2002年诺贝尔文学奖的至高荣誉授给了他。

当人们围着他让他谈一下自己的感受时，他说："我只知道，当你说'我就喜欢这件事，无论多困难我都不在乎'时，上帝就会来帮你！"

成功者之所以能够成功，就是因为他们比常人坚持的时间更久一些。但放弃总比坚持容易。或许前一两次还可以坦然地面对失败，但是当遭遇更多失败的时候，我们开始怀疑自己了。于是，我们便开始逃避，因为那不需费任何力气，而且还可以免受痛苦的打击。但是，成功之前总会有最黑暗的时刻，只要你能忍受那段孤独和痛苦，就可以看到光明。

凡是那些可以取得辉煌成绩的人，他们对自己的事业、能力都有强烈的自信，是从不轻易言败的。就像爱迪生，为了发明灯泡遭遇了1000多次失败，但他从来没有想到过放弃，所以最后取得了成功，为人类带来了光明。还有电影巨星史泰龙，在他未成名之前，也遭受了上千次的拒绝，但他还是坚持下来了，他的第一部电影《洛奇》使他一炮走红。还有美国总统林肯，他在经历了那么多的打击之后仍然可以屹立不倒，最终成为最受美国人民爱戴的一位总统……这样的例子还有很多，所有这些伟大的人物，留给我们的最大财富不是发明创造，不是丰功伟绩，而是精神财富。再伟大的发明，顶多就是改善生活的一两个领域。再辉煌的业绩，也都会成为历史。只有精神，它可以世代相传。

成功者绝不放弃，放弃者绝不成功。成功是一种习惯的表现，而失败也是一种习惯的表现，放弃是失败习惯中最严重的一种。

英国首相丘吉尔在第二次世界大战时发表了一场演讲，那是他历史上最短的也是最脍炙人口的一篇演讲。他上台只说了一句话，那就是："永远、永远、永永远远、永永远远不要放弃，永永远远不要放弃！"

不要太在乎每一次输赢

失败是每一个人都会遇到的，失败了，并不能说明能力不够，实力不强，所以不必把失败看得过于严重。只要做事时全力以赴，结果是不重要的。

只有具有正视失败的勇气，才能够坦然地面对生活。成功与失败是一对孪生兄弟，总是相伴而生，它们是相互转换的。取得了成功，喜形于色，不思进取，那么失败就会接踵而至。在失败中吸取经验，寻找原因，克服困难，那么你也会收获成功。

面对困难，我们所应该做的就是自信，相信自己，用一颗豁达的心来接受困难。生活是有不同味道的，无论喜不喜欢，都应该学会接受。你能学会，便懂得了如何生活；学不会，就只能让自己生活在痛苦的深渊里。

一个人，如果生活在舒适的环境里，没有挑战，没有困难，是不会有痛苦的，他会成为温室中的花朵，不能面对风吹雨打。如果没有一点儿承受挫折的能力，生命将过于脆弱。所以，我们应该感谢挫折。

大文豪巴尔扎克说过："世界上的事情永远都不是绝对的，结果完全因人而异。"是的，对于强者来说，失败只不过是通向成功道路上的一个必不可少的环节。而对于弱者来说，失败却是埋葬他整个梦想的地狱。

成功，永远都是属于强者的，当你面对困难时，当你再次失败时，不妨学会用一颗感恩的心去对待。它可以让你得到成长，得到磨炼，让你更加坚强。

让我们学会勇敢地面对失败，勇敢地面对生活。记住：只有笑到最后的，才是真正的赢家！

跌倒了，再站起来

　　每个人都想知道自己什么时候能成功。我们经历了痛苦的失败、前进中的挫折，只要敞开心胸迎接它们，并坚持下去，那么终有一天，你会惊喜地发现自己已经站在成功的峰顶。

　　有一位富翁一直为儿子苦恼，因为自己的儿子已经十五六岁了，却一点儿男子汉气概都没有。想想自己当年驰骋商场的样子，再看看眼前的儿子，这让他非常难过。他来到一个训练馆，要求教练把儿子训练成一个真正的男子汉。教练同意了，但是让他给自己三个月的时间，而且在这三个月内他不许来看自己的儿子。富翁点头答应下来。

　　三个月后，这个富翁又来到了这个训练馆，想看一看自己的儿子现在是不是有进步。教练安排富翁的儿子和一个拳击高手进行比赛。拳击高手出手凶狠，富翁的儿子一次又一次地被击倒在地，但每一次，他都勇敢地爬了起来，再次迎接对方的挑战。就这样，倒下去，再站起来，再倒下去，再站起来……来来回回十多次，但他却从来没有服输。

这时，教练问富翁："你满意了吗？"富翁眼含热泪点了点头，因为他知道，儿子这种倒下去又站起来的勇气和毅力，就是他希望儿子所具有的男子汉气概。

一个人，就要具有跌倒了再站起来的勇气，那是面对挫折所应具有的勇气。只有从失败中不断地走出来，才能变得越来越成熟。

约翰生于西西里岛，在他13岁的时候，由于生活窘迫，父母只好带他来到美国，希望在这儿能找到好运。

约翰读过几年书，特别是来到美国之后，这里优越的教育环境让他学到了不少知识。在他读完高中以后，便离开学校自己独立生活了。他的第一份工作是在裁缝店里帮忙。当时工作很辛苦，薪水也比较低，但是他却干得很卖力。老板见这个小伙子人机灵又能干，便把手艺全部传授给他，让他独当一面。由于他服务态度好，手艺又出众，为店里带来不少顾客，有的人专门从很远的地方跑来找他做衣服。

又过了几年，他用所有积蓄还有从父母那里筹到的一些钱开了一家很小的店铺。由于以前的一些老顾客主动上门，再加上自己没日没夜地干，生意很快就好了起来，全家人的生活也因为这个小小的店铺而稍稍有了点儿起色。但是，正当约翰高兴之时，一场灾难降临了。那一天，隔壁的孩子放鞭炮，一不小心引燃了附近的一堆柴草，结果火一下就着了上来，最后连房子也引燃了。当人们赶来扑救时火势已经控制不住了。火势越来越大，其他的几所房子也引燃了，约翰的店铺自然也难逃劫难。由于他的店铺都是易燃品，所以一下烧了个精光。辛辛苦苦的努力一下付之东流，他又变得一贫如洗。为了生存，他只好又去别人的裁缝店打工。日子依旧很清苦，全家人也只能依靠他那点可怜的工资，因为他把所有的积蓄都投在店铺里了。

又过了一段时间，他在积攒了一些钱之后，又打算开一个自己的店铺了。他找到了几个合伙人，然后几个人一起租下了一个店面。这次他开的是礼服店，专门给别人定制礼服，有时还从外面买进一些很高档的产品。那几个合伙人负责跑市场，而店里的事完全交由他来打理。开始起步的确很难，他们不停地寻找市场，寻找货源，还要不停地做宣传，每天都要工作到很晚。慢慢地，生意有了点儿起色。但是，一个晚上，小偷偷走了他店内价值几万元的礼服。其他几个合伙人都埋怨约翰的疏忽，几个人还为此吵了一架，一怒之下，他们撤了资。

　　约翰现在又一无所有了。因为当时他只负责管理，其他的资金几乎都是合伙人出的。没有办法，他只好再次给别人打工，一切从头开始。

　　等他的生活稍稍有点起色之后，想开店的念头又在他的头脑里蠢蠢欲动了。这下他找到了几个弟弟，和他们一起连手干。他们卖掉了家里所有值钱的东西，然后又找亲戚借了一点儿钱，开了一间礼服店，为了衣服的式样能够与众不同，他们往往要跑好多地方去挑选货物。后来，约翰想到自己还可以替别人做衣服，因为以前他做的衣服别人都很喜欢，而且这样还可以很快地赚到一些钱，然后再拿去进一些高档的礼服，这个办法果然起到作用。后来，他又研究如何设计，如何制作。店里的生意越来越好，他不得不加雇了人手。后来他又开分店，让几个弟弟分别去管理，并统一管理方式。他的生意越做越大，逐渐成为这个行业里的翘楚。

当别人问他有何感想时，他只是说："我只知道，从哪里跌倒了，就从哪里站起来，而且要自己站起来，这是追求独立自主的唯一方法，至少对我来说是如此。"

面对失败，应该从中吸取教训。其实每失败一次，就是向成功迈进了一步。失败是通向成功的台阶，一个害怕失败的人是无法成功的。跌倒了，再爬起来，拍掉身上的灰尘，收拾好心情，继续上路。不仅在事业上，在生活中也是如此，这也是我们面对生活所应采取的态度。

在绝望中寻找希望

　　挫折会给人带来损失和痛苦，往往也能使人奋发、成熟。巴尔扎克说过："世界上的事情永远不是绝对的，结果完全因人而异。苦难对于天才是一块垫脚石，对于能干的人是一笔财富，对弱者而言是万丈深渊。"

　　任何事情都不能绝对化，要看你对生活的态度是怎样的。

　　沃克的家位于一个风光秀丽的小岛上，岛上有一块漂亮的林地，长着各种各样的树木，盛开着各种各样的野花，还有各种各样的小动物。林地的中央还有一个不大却很美的淡水湖，里面有各式各样的鱼非常美丽。优美的风景，清幽的环境，怡人的气候，宛如人间仙境，于是人们给它起了个好听的名字叫作"森林庄园"，沃克则是这片庄园的主人。每年都会有很多游客来这里观光，也带来了可观的财富。

　　一天晚上，雷电交加，一个响雷引燃了一场熊熊山火。整个庄园顷刻间化为废墟。

　　沃克接受不了这突如其来的现实，整天把自己关在屋子里，闭门不出，茶饭不思，眼睛里布满了血丝。

　　几个月过去了，他越来越憔悴，年迈的祖母知道了这事，对他说："小伙子，庄园成了废墟并不可怕，可怕的是你的眼睛失去光泽，一天天地老去。一双老去的眼睛，又怎么能看得见希望呢？"

　　祖母的话深深地刺痛了他。是的，老去的眼睛又怎么能看到希望呢？这样下去是没有结果的，庄园不会自己回来，他必须接受现实，面对生活。

　　他苦思冥想终于想到了办法。他雇了几名工人，把那些烧焦的树木都挖了出来，加工成优质的木炭，拿到集市上去卖。没用多长时间，所有的木炭便销售一空，而他也得到了一笔不菲的收入。然后，他又用这些钱买了好多树苗，栽种在庄园里面，过了几年，园林就具有一定的规模了，而那些逃走的小动物也一个个都回到了原来的家。又过了几年，树木已经枝繁叶茂，整个园林又是一片秀美的景色，游人也渐渐地多了起来，当初的那个"森林庄园"又回来了。

挫折并不是一件坏事，无论事情有多糟，里面都可能隐藏有更大的机会。关键是面对困难所采取的态度。

面对困难，人生都需要一种迎难而上的精神。有位哲人说过："生命似洪水在奔流，不遇到岛屿和暗礁，是不会激起美丽的浪花的。"

让希望照亮心灵

希望，是每个人的精神支柱。它是一盏明灯，让我们在黑暗中看到一丝光明。

处在逆境中的人，只要有精神寄托，就会有无穷的力量战胜困难。绝望之所以可怕，就是因为它可以摧毁斗志，一个没有斗志的人，也就没有生存下去的勇气。

在古希腊的一场激战中，一位将军和他的士兵逃了出来。他们的船被敌人击沉了，只能在海上漂泊。三天三夜，他们没有吃过任何东西，只有冰冷咸涩的海水。

他们几乎陷入绝望之中。这时，一个士兵忽然想起自己身上还带有一个瓶子，可以用这个来传递信息。于是，所有人心中又升起了希望。将军撕下一块衣服，咬破自己的手指在上面写了几个字，之后把它塞入瓶中，看着海水带着瓶子向远处漂去。但忽然有个人绝望地说："不可能，这里离我们的国家太远了，它是没有办法到那儿的。"所有人的希望瞬间消失得无影无踪。"不"，将军斩钉截铁地说，"那只瓶子一定会漂到我们自己人的手中，我们一定会获救的。我们都是希腊的勇士，只能死在战场上，而不能死在海里！"见将军这么说，其他人也只好勉强地打起精神来。结果，又是几天过去了，就在他们实在坚持不住的时候，一艘渔船救了他们。原来几个渔民在捕鱼时捞到了那只瓶子，他们见到了那封信，于是逆着海水的方向划来，看到了几个气息奄奄的人。后来，这位将军和士兵养好了伤，又在几个渔民的帮助下回到了军队。

　　只要有希望，我们就有活下去的勇气；只要有希望，就有克服困难的决心。学会在绝望中寻找希望吧，让希望之火，照亮前进的路！

遇到挫折，学会及时转化

人生之路总是坎坎坷坷，我们总会有跌倒的时候，总会有失意的时候。面对挫折，懦弱的人选择逃避；勇敢的人，坦然面对；而聪明的人，却会及时将其转化，变不利为有利。心理学家阿佛德·安德尔曾经说过，人类最奇妙的特性之一就是"把负的力量变为正的力量"。

有两个年轻人，在美国佛蒙特州开了一家专门出售冰淇淋的小店。当时，他们既没有资金，也没有经验，而且该州是美国较冷的一个州，因此他们的生意非常惨淡。但是，两个年轻人的热情却很高涨，就是凭着这种热情，他们使小店的生意慢慢好了起来。后来，他们又想出了一种方法，那就是建立一种免费品尝的销售惯例。也就是向别人免费赠送冰淇淋供其品尝，如果顾客满意便可来此购买。这种新颖的销售方式的确为二人带来了大量的顾客，他们的生意也变得越来越好，名气越来越大。

但紧跟着，困难又来了。因为冬天到了，该州的天气又偏寒冷，冰淇淋只能进入滞销，这样二人刚刚好起来的生意将会再次陷入困境。如何才能摆脱困境呢？二人陷入了思考之中。后来，他们想出了一个办法，那就是来个冰雪狂欢。具体做法就是，冬天里，气温每低于零下1度，他们所出售的冰淇淋价钱就会便宜1分，依此类推，温度越低，冰淇淋的价钱就会愈便宜。这种销售方式一经推出就获得了很好的效果。人们很喜欢这个有趣的做法以及可以以低廉的价格换取冰淇淋的机会。于是，尽管天气严寒，他们的生意却异常火爆，顾客把这个小店挤了个水泄不通。

每个人都会遇到困难和挫折，最好的办法就是将挫折转化为机遇。里奥纳多·达·芬奇说过："光明与阴暗是如影随形的。"R.H.舒特也认为："如果你只能看到阴影，那你看问题的角度就有问题。"因此，我们要努力在每一个不幸里面寻找幸运。当你学会这样做的时候，幸运也就会如期而至了。

8月的一个下午，一个男孩怯生生地问他的父亲："爸爸，我明天可以休息一天吗？"父亲看着自己的小儿子，他那双大大的眼睛里流露出一种渴望。尽管现在是农活儿正忙的时候，但他还是答应了儿子的要求。

第二天，男孩早早地就起床了。他要赶到哈佛学院去。那里离这儿约10英里，且道路泥泞不平，男孩只能早早起程。因为今天，他要去参加那里一年一度的入学考试。尽管从8岁开始，他就没有接受过正规教育，但是他仍然利用业余的时间来学习。每年冬天，他都会想方设法地挤出三个月的时间上学。其他时间里，他便会默默地在脑海里回忆自己所学过的东西，并利用一切闲暇时间来学习那些他认为有用的知识。由于经济原因，大多数时间他只能借书。一次，他没有借到一本自己需要的书，于是便想出了另一个办法。他到原野里采了一大筐浆果拿到市场上卖，然后用所得的钱买了那本书。

考试结果出来了，男孩成功地被哈佛录取。当他把这个消息告诉父亲时，父亲也非常高兴，但转而便陷入了忧虑之中。因为他没有办法给儿子凑齐这笔学费。男孩却对父亲说，他不会到学校里去，只会利用空余的时间在家里读书准备考试。只要通过了考试，他便可以得到一张学位证书了。他说到也做到了。后来，他终于以优异的成绩在这所著名的学府毕业。这个人就是西奥多·帕克。直到今天，这位著名的废奴运动的倡导者在美国仍有着不可估量的影响力。

中国有句成语叫"物极必反"，任何事物都会有它消极的方面，关键是我们能否将其及时转换。

勇于冒险

　　除了真正的使命感之外，行动还需要胆识。

　　胆识是一种能力，它常常与勇敢连在一起。但勇敢更多地反映在我们处于危险境地时而自然而然产生的非同寻常的个人反应；而胆识却是人人都具有的一种品质。认识到这一点并付诸行动，就能有很大的进步。

　　人的一生当中，总有许多时候需要采取重大而又勇敢的行动，但大多数人总是只求稳妥而不敢冒险。其实，机会是转瞬即逝的，等你把所有的一切都看清楚之后它早就溜走了。要想成功，就必须学会果断出击。

　　我们所说的果断出击并不是盲目的，它要求你要有锐利的目光，发现别人没有发现的东西，然后赶紧抓住。

　　几乎所有的成功者都有过这种冒险的经历，大多数人不敢做的事，里面往往会蕴含着很大的商机，能抓住，就能够成功。

1929年，在世界范围内发生了一场经济危机，海上运输业也在劫难逃。当时加拿大国营铁路拍卖产业，其中有6艘货船以极低的价格拍卖。当时的奥纳西斯本来打算把资金投入到矿业开发上，因为他知道矿业开发会随着工业革命对原料的需求而呈现剧增的势头。但在获得这个消息之后立刻改变了主意，他买下了那些船只。当时人们都觉得奥纳西斯这一举动太大胆，因为当时海上运输业十分萧条，货轮价格一路下降，海上运输业也沉入谷底，而且很难恢复过来。但是奥纳西斯却认为物极必反，这正是一个千载难逢的好机会。后来事情果然如他预料，经济危机过后，海运业的振兴居各行业之首，而他以前所买的那些船只也在一夜之内身价百倍。

法国电视台一位记者在自己的书中挑选了法国当前30多位在各行各业有成就的人士，他们成就各异，但有一个共同点，那就是都有"热衷开拓，勇于冒险"的精神。一个人只有勇于冒险，才能抓住机遇，才能成就一番事业。

勇于冒险，就是不按常理出牌，那是一种另辟蹊径的勇气。

在美国经济大萧条时，经济萎靡，失业人口众多，好多人都在靠救济过日子。多伦多有位年轻的艺术家，他的情况也不比别人好多少。由于母亲生了大病，他急需用钱。但在那样的年代，人们吃饭都成问题，又有谁会愿意买一个无名小卒的画呢？

他苦苦思索，如何才能弄到一点儿钱。一天，他来到了一家报社的资料室，在那儿借了一份画册。这本画册中有一张是美国最大的一家银行的总裁头像。他见了，出于习惯，随手便画了起来。画完之后，他便拿起来欣赏，感觉画得非常不错。于是，他头脑里出现了一个想法：为什么不把这张画卖给他本人呢？

于是，他将画镶好。梳好头，穿上一件最好的衣服，尽量让自己看上去体面些，径直来到了总裁办公室要求见他。但秘书告诉他事先没有约好的话，想见总裁是根本不可能的。这时他拿出了画说道："我只是想拿这个给他看一看。"秘书接过一看，稍微犹豫了一会儿，便让他在外面等着，自己拿了画去给总裁看。过了不一会儿，她从里面出来了，很客气地对这个艺术家说总裁要见他。

他进了办公室，这位总裁正在专心致志地欣赏着他的作品。"你画得很好，告诉我这幅画需要多少钱？"

年轻人松了口气，说这幅画值25美元。总裁痛快地答应了。要知道，这笔钱在那个时候是一个不小的数目。

生活中没有什么事是百分之百有把握的，所有的事都存在着风险。所以我们应该有一种冒险精神，一点儿勇气。万事开头难，只要做了，你就会发现自己有能力做好。因为人类的潜能是无限的，关键是你要有勇气去挑战。当你真正拿出勇气的时候，成功离你也就不远了。

勇气引领人生

没有冒险者，就没有成功者，冒险是一切成功的前提。冒险可以将我们从安于现状的沉闷中解救出来，可以激发斗志。一个人若没有勇气，那么无论做什么事情都会畏首畏尾，别人还没有将他打败，他自己却先退缩了。

有一年大旱，本来一片水草丰美的池塘如今变得死气沉沉。在这个池塘里生活着一群鳄鱼，它们面临着严重的生存危机，没有水，没有食物……为了争夺那仅有的一点儿食物，它们甚至自相残杀起来，于是整个种群的数量越来越少。

炎炎的烈日，渐渐干涸的河床，还有同伴散发着臭气的尸体……

到处一片荒凉，到处弥散着死亡的气息。终于，有一只小鳄鱼，鼓足勇气爬出了这片池塘。有的鳄鱼劝它："还是待在这里吧，路途很凶险，不知会遇到什么危险。"但小鳄鱼没有动摇，它不想活活被困死在这里。于是，它上路了。

河水越来越少，就连最后的几只鳄鱼都没能逃脱死亡的命运。但是那只小鳄鱼，却在离开那片池塘之后，找到了一处水草丰美的地带。

勇气可以开辟另一个空间，可以让我们在困境中发现另一个世界。

金蒙曾经是一个很优秀的滑雪运动员。在她18岁的时候，她的照片就已被用作体育周刊杂志的封面。当时她最大的愿望就是能够参加奥运会夺取金牌。但是，不幸却悄悄降临到她的身上。

在奥运会预选赛最后的一轮比赛中，她沿着山坡往下滑，但没想到她刚开始不久身体便失去了平衡，像一匹脱缰的野马一样俯冲了下来。她极力地摆正姿势，但一切都无济于事，她一头栽到了山坡下，之后便不省人事了。

当她醒来的时候，自己已经躺在了医院里面，生命保住了，但她双肩以下的身体永久性瘫痪了。对于一个运动员来讲这太残酷了。她不得不放弃自己喜爱的滑雪运动，金牌梦也破灭了。那段日子真的很难熬，她问自己还有没有勇气活下去。在得到肯定的答复之后，她又问自己是选择奋发向上还是选择灰心丧气，她选择了奋发向上。

由于身体的原因，她天天跟医院打交道。时好时坏的病情整日折磨着她，但她始终鼓足勇气面对人生的不幸。她开始学习其他的技艺，写字、打字、操纵轮椅，并在加州一所大学里进行学习，希望可以成为一名教师。

但当时对她来说，做个教师也是不可能的。因为做教师的基本标准就是能上下楼梯，所以她的申请被系里驳回。但是，金蒙一旦确定了自己的主张就不会轻易改变。最后，她终于被华盛顿大学教育学院聘用。

金蒙从没有得到过一块奥运会金牌，但是她得到了另一块金牌，那是为了表彰她的教学成绩而授予的。

勇气引领人生。如果没有勇气做支撑，我们的精神大厦就会倾覆，生命之舟就会搁浅。勇气会带领我们从困境中走出，并且一步步走向成功。

勇气的另一种表现就是勇于冒险。一个人如果没有一种冒险精神，就会故步自封，难以取得突破。当然，冒险也就意味着你将承受很大的风险，万一失败了将会受到很大的损失，但如果成功了也会得到很丰厚的回报。因此，冒险是一种高超的技术，既是对一个人勇气的考验，同时也是对一个人智慧的考验。

哈代是爱迪生的朋友。他发明了很多有效的训练方法，从而为很多企业、学校和社会团体带来了好处，被公认为"视听训练法之父"，而这完全归功于他那种敢于冒险的信念。他的父亲在芝加哥有一处报业，他本可以在父亲那里得到一份稳定而保险的工作。但他没有，他要开创另一种全新的事业。一次很偶然的机会，他从电影胶盘的片盘中得到了启发，他产生了一个念头，那就是让胶片上的画面一次只向前移动一幅，以便让教师在授课时可以有充分的时间进行讲解。

当时还是无声电影的世界，朋友们只是告诉他人们不愿意坐下来看那些一次只能移动一下的画面时，他并没有惧怕，而是回答说："我仍然要冒这个险。"

后来，他又成功地实现了让画面与声音同步进行，从而创造了真正的视听训练法。

除此之外，哈代的冒险精神还体现在游泳上。他曾经两度入选美国奥运会游泳队，还曾经连续三届获得"密西西比河十英里马拉松赛"的冠军。

他决心在游泳方面做出改革，但是当他把想法告诉游泳冠军约翰·魏姆勒时，却受到了嘲笑，因为后者认为在水里进行改革实在是件很危险的事情。爬泳的姿势已经定型，不需要做任何的改动。另一个游泳冠军也告诉他不要去冒险，但哈代却执意要这么做，他说自己一定要冒险去试一试。

他对爬泳的姿势做了改动，使之更加自由和灵活，不仅大大提高了游泳速度，而且也缩短了划水一周所需的时间，而这也就是今天的自由泳。如今，这种游泳方式已被大大地普及，我们在任何一个游泳池都能看到。而哈代也因此被称为"现代游泳之父"。

没有冒险的人生将是无聊的人生、乏味的人生。冒险带给我们的不仅仅是一种生活上的刺激，更是一种对自我的挑战。或许你不一定会成功，但可以体会到人生的快乐，那就是挑战自己、征服自己的快乐。

相信自己的潜能

当生命不断前进的时候，一个人可能会一次又一次地跌倒，可能会陷入一系列的困难中，不得不和各种各样的麻烦抗争。开始的时候他还可以应付，慢慢地，他发现这样的斗争越来越困难，他感到越来越吃力，于是，他便开始怀疑自己，怀疑这个世界。

其实，每个人的身上都潜藏着巨大的能量，都有能力比现在做得更优秀，只是我们本身很少有人能够意识到这一点。

潜能，就像漂浮在海面上的一座冰山，露出水面的只是极小的一部分，而大部分都潜藏在水面之下。20世纪初，美国著名心理学家詹姆斯指出：一个普通的人只运用了其自身能力的10%，还有90%的潜能尚未被利用。

后来，心理学家玛格丽特·米德研究发现：每个人只用了他6%的潜能，还有94%的潜能未被开发利用。而世界著名的心理学家奥托则认为：一个人所发挥的才能只占他全部才能的4%。我们且不管哪一组数字更为准确，但有一点可以肯定，那就是人类的能力还有相当大的一部分未被开发出来。

人脑，就像一个庞大的信息储存库，它那超级的信息处理系统是现代电脑等人工控制系统所无法比拟的。人脑大概由100亿~150亿个神经细胞组成，每一个细胞就相当于一台微型电子计算机。人脑就是一个庞大的超级电子计算机。它完全释放出来所产生的能量是惊人的。

只是我们不相信自己的能力，所以面对困难时，我们选择了放弃。其实，这是一种思维上的陷阱。

几千年来，几乎所有的人都不相信有人可以在4分钟内跑完一英里，可是在1954年时，罗杰·班尼斯特做到了，隔年有30多位选手做到，再隔年有300多位选手做到。也曾有过一段时间，人们认为以人类的能力不可能跳到28英尺，可是巴门做到了，而且他跳的不是28尺，是29尺。只要有一个人打破纪录，那么这个纪录以后就会被许多人再次打破。

在大多数情况下，我们之所以没有做到，是我们低估了自己的能力，提前选择了放弃。

潜能与一个人的才能是不同的。才能集中在一个人的长处上，而潜能却集中在一个人的弱势上。有时某个人本身的缺陷，可以成为引爆他自身潜能的导火索。美国著名的残疾运动员麦吉就是一个很好的例子。

22岁时，麦吉风华正茂，刚刚从著名的耶鲁大学戏剧院毕业。他当时正踌躇满志，但没想到不幸却悄悄地降临在他的身上。

一个晚上，在回家的路上，他被一辆疾驰而过的大货车撞晕在地。等他醒来时，却发现自己的左小腿已被截去。但他没有放弃自己。失去左小腿的一年之后，他便开始坚持锻炼、跑步。不久便去参加比赛，甚至还参加了纽约州的马拉松比赛和波士顿马拉松比赛，并打破了纪录，成为全世界跑得最快的独腿长跑运动员。

接着，他准备进军三项全能。谁知不幸再一次降临。1993年的一个下午，他在加利福尼亚州的三项全能比赛中，骑着自行车穿过米申别荷镇时，被一辆突然驶出的小货车撞翻在地。他当时只记得自己的身体一下飞过了马路，一头撞在电灯柱上，颈椎发出"啪"的一声。醒来后，他才发现，自己已经折断了颈椎。从那以后，他全身瘫痪，不能动弹。

经过一段痛苦的思想挣扎，他再次振作起来。他又开始重返社会，独立生活。后来，他在一次三项全能运动会上发表了一篇激动人心的演说。

现在，他住在新墨西哥州圣菲市，并在撰写一篇论文。

威廉·詹姆斯曾经说过："缺陷对我们有意外的帮助。"不错，正是因为这些身体上的缺陷引爆了体内的潜能。

如果柴可夫斯基不是因为他那悲剧性的婚姻和悲惨的生活，就不可能写出那首不朽的《悲怆交响曲》。如果托尔斯泰的生活不是那样曲折，就不可能写出那么多不朽的小说。

人生是好是坏，不是由命运来决定，而是由心态来决定的。事情做得好坏的差别不是有没有能力，而是当时是不是在状态。当你处于一个良好的状态时，便会激发出体内潜藏的能量。所以，让我们树立起信心。信心是开启潜能的钥匙。当你调整好自己的状态时，就算遇到再大的困难，你也可以安然渡过，从而达到自己的辉煌。